职业教育汽车类全媒体系列教材

动力电池与电源管理

主　编　危　哲　黄平中　周国平
副主编　周志成　刘振虎　方　罡
　　　　黄珺逸　方　涛　李　斌
参　编　艾亚灵　徐　柳　刘超雄

西南交通大学出版社
·成　都·

图书在版编目（CIP）数据

动力电池与电源管理 / 危哲，黄平中，周国平主编. -- 成都：西南交通大学出版社，2024.4
ISBN 978-7-5643-9732-6

Ⅰ. ①动… Ⅱ. ①危… ②黄… ③周… Ⅲ. ①电动汽车–电池–管理 Ⅳ. ①TM91

中国国家版本馆 CIP 数据核字（2024）第 028147 号

Dongli Dianchi yu Dianyuan Guanli
动力电池与电源管理

主　编 / 危　哲　黄平中　周国平

策划编辑 / 黄庆斌
责任编辑 / 何明飞
封面设计 / GT 工作室

西南交通大学出版社出版发行
（四川省成都市金牛区二环路北一段 111 号西南交通大学创新大厦 21 楼　610031）
营销部电话：028-87600564　　028-87600533
网址：http://www.xnjdcbs.com
印刷：四川森林印务有限责任公司

成品尺寸　185 mm×260 mm
印张　10.25　　字数　253 千
版次　2024 年 4 月第 1 版　　印次　2024 年 4 月第 1 次

书号　ISBN 978-7-5643-9732-6
定价　30.00 元

课件咨询电话：028-81435775
图书如有印装质量问题　本社负责退换
版权所有　盗版必究　举报电话：028-87600562

前　言

随着我国汽车领域科技水平的不断提高，以及人们环境保护意识的不断进步，新能源汽车已经成为该行业的一个发展方向。2022年1月21日，国家发改委等多部门发文，提出大力推广新能源汽车，逐步取消各地新能源车辆购买限制，促进充电设施规范有序发展，加快推进居住社区充电设施建设安装。

动力电池与电源管理是新能源汽车发展的关键技术之一，也是新能源汽车产业化发展的瓶颈，所以"动力电池与电源管理"成为了新能源汽车技术专业的必修课。本课程坚持"思政育人、文化育人、专业育人、实践育人"四位一体的教学理念，采用工学一体的教学模式，以项目任务式为引导，将思政教育融入课堂教学，注重对使用者专业知识、动手能力和职业素养的综合培养。

为了让学生更好地掌握理论知识和技能，本课程共设有十个项目，主要介绍了动力电池及管理系统的相应理论、动力电池状态的实时监测、动力电池的安全保护、动力电池的 SOC 和 SOH 评估等相关内容，使学生系统地了解动力电池和能量管理系统方面的知识。

本书以职业教育工学一体化课程改革模式作为课程设置与内容选择参照点，以科学性、实用性、通用性为原则，符合职业教育汽车类课程体系设置。本书可用于高职高专院校新能源汽车专业、汽车运用技术专业等教学，也可作为成人高等教育或汽车技术人员培训教材，还可作为汽车维修人员和汽车技术爱好者自学用书。

本书在编写过程中，参考了大量国内外相关著作和文献资料，在此一并向有关作者表示真诚的感谢。由于编者水平有限，书中难免存在不妥之处，敬请广大读者批评指正。

编　者

2024年5月

数字资源目录

序号	项目	二维码名称	资源类型	页码
1	项目二 动力电池	单体燃料电池结构	视频	008
2		燃料电池工作原理	视频	008
3		燃料电池组结构	视频	008
4		超级电容	视频	009
5		飞轮电池工作原理	视频	010
6	项目三 动力电池管理系统	电池管理系统	视频	021
7		电池管理系统的功能	视频	029
8		绝缘监测原理	视频	030
9		安全管理功能演示	视频	032
10		均衡管理方法	视频	033
11		均衡管理功能演示	视频	034
12		热管理功能	视频	034
13		故障诊断功能演示	视频	034
14	项目九 热管理系统	电池热管理系统认知	视频	121
15		空气冷却系统(风冷式冷却系统)	视频	123

目 录

项目一　场地安全

任务一　新能源汽车主要防护用具种类认知 ·· 001
任务二　场地安全认知 ··· 002

项目二　动力电池

任务一　新能源汽车动力电池概述 ·· 006
任务二　动力电池发展现状与趋势 ·· 017

项目三　动力电池管理系统

任务一　动力电池管理系统的基本构成和工作原理 ·· 021
任务二　动力电池管理系统的基本功能 ·· 029
任务三　动力电池管理系统的拓扑结构 ·· 035
任务四　通用的电池管理系统与定制的电池管理系统 ······································ 037
任务五　电池管理系统的发展历程和现状 ·· 039

项目四　动力电池状态的实时监测

任务一　动力电池性能检测方法 ·· 045
任务二　温度监测 ··· 047

项目五　动力电池的安全保护

任务一　动力电池系统安全分析 ·· 050
任务二　电池的安全保护功能 ·· 053
任务三　高压安全 ··· 062

项目六　动力电池的 SOC 评估和 SOH 评估

任务一　电池的 SOC 评估 ·· 073
任务二　电池的 SOH 评估 ·· 086

项目七　动力电池的均衡控制

任务一　均衡控制管理及其意义 ………………………………………………………… 094
任务二　均衡控制管理的分类 …………………………………………………………… 097
任务三　两种耗散型的均衡控制管理 …………………………………………………… 103

项目八　动力电池的信息管理

任务一　电池信息的显示 ………………………………………………………………… 106
任务二　电池管理系统与其他控制系统之间的信息交互 ……………………………… 108
任务三　电池历史信息的存储与分析 …………………………………………………… 117

项目九　热管理系统

任务一　动力电池热管理系统的概述 …………………………………………………… 121
任务二　风冷和液冷散热系统 …………………………………………………………… 127
任务三　相变材料的应用 ………………………………………………………………… 131

项目十　动力电源系统的使用与维护

任务一　动力电源系统的使用与维护 …………………………………………………… 136
任务二　电池组常见故障分析与处理 …………………………………………………… 148

参考文献 …………………………………………………………………………………… 155

项目一　场地安全

任务一　新能源汽车主要防护用具种类认知

在维修新能源汽车时，为了场地的安全及保护车辆，一般使用车辆防护外部三件套和车辆防护内部三件套进行防护。

一、车辆防护外部三件套

车辆防护外部三件套主要为翼子板防护垫、保险杠防护垫，如图1.1所示。

图1.1　车辆防护外部三件套

车辆防护外部三件套的主要功用是保护车身保险杠、翼子板的漆面，防止在工作过程中刮花漆面。其使用如图1.2所示。

图1.2　车辆防护外部三件套使用方式

二、车辆防护内部三件套

车辆防护内部三件套主要为脚垫、方向盘套、座椅套,如图 1.3 所示。

图 1.3 车辆防护内部三件套

车辆防护内部三件套主要的功用是保护脚垫、方向盘、座椅的卫生,防止在工作过程中沾到污渍、油渍等。其使用方式如图 1.4 所示。

图 1.4 车辆防护内部三件套使用方式

任务二 场地安全认知

一、防火安全注意事项

(1)车间内的废纸等易燃物品,要放在指定的位置并及时清理。
(2)车间内不准超负荷用电,不准使用火、电炉和其他电器加热取暖(包括电暖气)。
(3)不得将易燃、易爆物品带入办公室,车间内不得燃烧纸屑等物品。

（4）车间内禁止吸烟。

（5）每天下班前，要对车间进行防火安全检查，切断电源，确认无火灾隐患后，关窗、锁门方可离开。

（6）在车间内醒目的位置张贴防火安全标志，如图1.5所示。

二、用电安全注意事项

（1）熟悉生产设备电源的位置，一旦发生火灾、触电或其他电气事故，应在第一时间切断电源，避免造成更大的财产损失和人身伤亡事故。

（2）当设备内部出现冒烟、拉弧、焦味等不正常现象时，应立即切断设备的电源，并通知电工进行检修，避免扩大故障范围和发生触电事故；当漏电保护器出现跳闸现象时，不能私自重新合闸，应及时通知电工。

（3）发现有人触电，千万不要用手去拉触电者，要尽快拉开电源开关或用干燥的木棍、竹竿挑开电线，然后用正确的人工呼吸法进行现场抢救。

（4）配电箱、闸刀开关、按钮开关、插座以及导线等，必须经常检查确保完好。

（5）需要移动电气设备时，必须先切断电源，导线不得在地面上拖来拖去，以免磨损，导线被压时不要硬拉，防止拉断。

（6）在湿度较大的地方使用电器设备时，应确保通风良好，避免因电器的绝缘变差而发生触电事故。

（7）在车间内醒目的位置张贴防触电标志，如图1.5所示。

图1.5 安全标志

三、设备安全注意事项

（1）设备使用完毕，长期不用或下班时，要断开电源开关。每天下班前，车间各岗位的班组长要负责检查。

（2）在生产前要检查安全防护措施的有效性。

（3）设备作业人员要按时检查生产设备情况，班组长、主管要不定时巡视，发现异常及时处理。

（4）生产人员要定期对本岗位的设备进行点检和维护，并做好记录。

（5）严格执行设备的操作规程，严防事故的发生。

四、场地 6S 管理

（一）6S 管理的定义

6S 是整理（SEIRI）、整顿（SEITON）、清扫（SEISO）、清洁（SEIKETSU）、素养（SHITSUKE）、安全（SECURITY）6 个项目，因均以"S"开头，简称 6S。

提起 6S，首先要从 5S 谈起。5S 起源于日本，指的是在生产现场中将人员、机器、材料、方法等生产要素进行有效管理，它对企业中每位员工的日常行为提出要求，倡导从小事做起，力求使每位员工都养成事事"讲究"的习惯，从而达到提高整体工作质量的目的，是日式企业独特的一种管理方法。1955 年，日本 5S 的宣传口号为"安全始于整理整顿，终于整理整顿"，当时只推行了前 2S，其目的是确保作业空间和安全，后因生产控制和品质控制的需要，逐步提出后续 3S，即"清扫、清洁、素养"，从而其应用空间及适用范围进一步拓展。日企将 5S 活动作为工厂管理的基础，推行各种品质管理方法，产品品质得以迅猛提升，奠定了其经济大国的地位。5S 对提升企业形象、安全生产、标准化的推进、创造令人心怡的工作场所等方面的巨大作用逐渐被各国管理界所认识。我国企业在 5S 现场管理的基础上，结合安全生产活动，在原来 5S 基础上增加了安全（SECURITY）要素，形成"6S"，如图 1.6 所示。

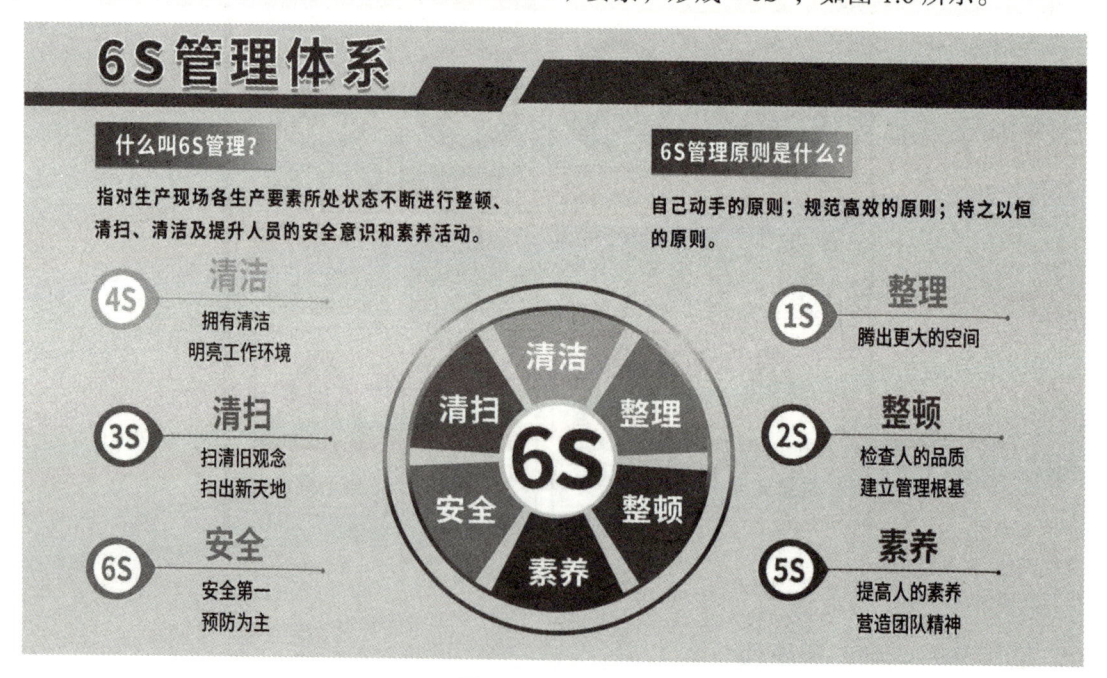

图 1.6　6S 的概念

（二）6S 管理执行标准

6S 管理是打造具有竞争力的企业、建设高素质员工队伍的先进管理手段，其目标是提升企业形象、提高安全水平、提高员工素质、提高工作效率、提高企业的执行力和竞争力。而公司推行"6S"管理的目的，就是通过细琐、简单的动作，潜移默化地达到现场管理规范化、物资摆放定置化、库区管理整洁化、安全管理常态化，从而建立良好的企业安全文化，使安全工作从有形管理走向无形管理，促进公司各项工作目标的顺利实现。6S 管理的执行标准如图 1.7 所示。

图 1.7　6S 管理执行标准

项目二　动力电池

任务一　新能源汽车动力电池概述

一、动力电池的定义

动力电池是新能源汽车的核心部件，也是未来能源转型的重要方向，多指为电动汽车、电动自行车等提供动力的蓄电池，如图2.1所示。它的主要功用是为整车驱动和其他用电器提供电能，接受和储存车载充电机、外置充电装置和能量回收装置提供的高压直流电。

《电动汽车术语》（GB/T 19596—2017）对动力蓄电池的定义为：为电动汽车动力系统提供能量的蓄电池；《电动汽车安全要求》（GB 18384—2020）定义为：能给动力电路提供能量的所有与电气相连的蓄电池包的总称。

图2.1　某型号动力电池

二、动力电池的分类

电动汽车使用的动力电池可以分为化学电池、物理电池和生物电池三大类。

（一）化学电池

化学电池是将化学能直接转变为电能的装置。它主要由电解质溶液，浸在溶液中的正、负电极和连接电极的导线构成。化学电池有多种分类方法：按工作性质分为原电池、蓄电池、燃料电池和储备电池。

按电解质分为酸性电池、碱性电池、中性电池、有机电解质电池、非水无机电解质电池、固体电解质电池等。

按电池的特性分为高容量电池、密封电池、高功率电池、免维护电池、防爆电池等。按正负极材料分为锌锰电池系列、镍镉镍氢系列、铅酸系列、锂电池系列等。

1. 原电池

原电池是利用两个电极之间金属性的不同，产生电势差，从而使电子流动，产生电流，其又被称为非蓄电池，是电化电池的一种，其电化反应不能逆转，只能将化学能转换为电能，即不能重新储存电力，与蓄电池相对。常见的原电池有锌-二氧化锰干电池、锂锰电池、锌空气电池、一次锌银电池等。图 2.2 所示为原电池的工作原理。

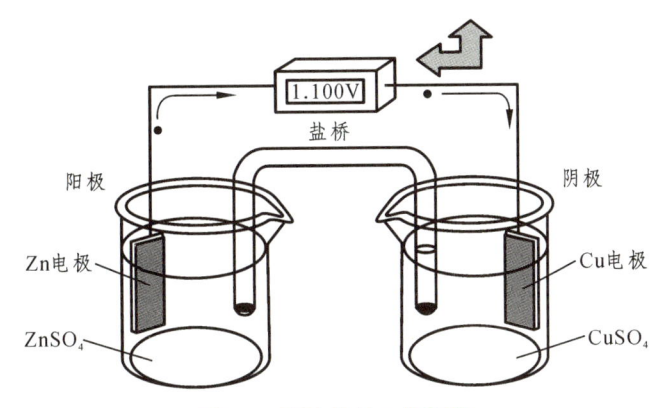

图 2.2 原电池的工作原理

2. 蓄电池

蓄电池又称二次电池，是指电池在放电后可通过充电的方法使活性物质复原而继续使用的电池，这种充放电可以达数十次到上千次循环。常见的蓄电池存铅酸蓄电池、镍镉电池、镍氢电池、锂离子电池等，如图 2.3 所示。

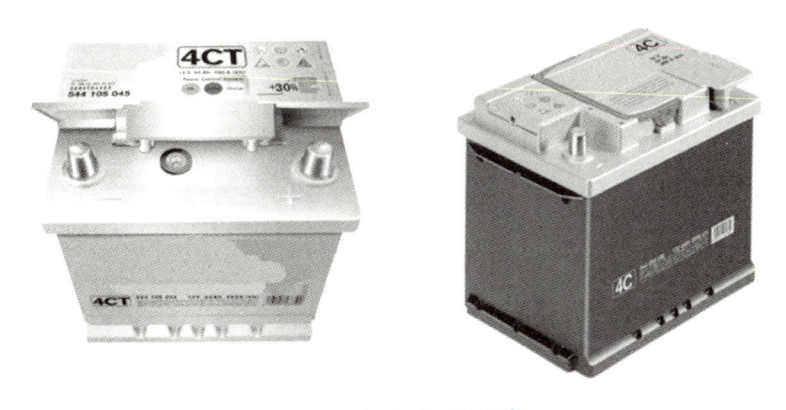

图 2.3 多种型号蓄电池

3. 燃料电池

燃料电池是一种将储存于燃料与氧化剂中的化学能直接转化为电能的发电装置，如图 2.4 所示。

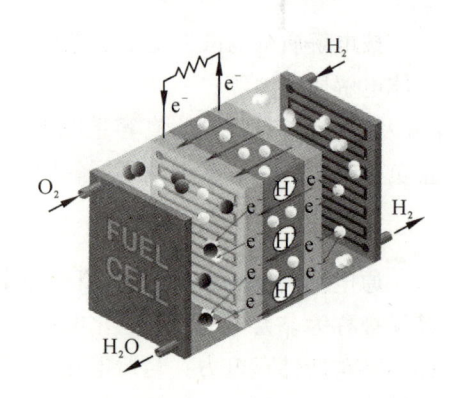

单体燃料电池结构　　燃料电池工作原理　　燃料电池组结构　　图 2.4　燃料电池

燃料电池又称连续电池，是指参加反应的活性物质从电池外部连续不断地输入电池，电池就连续不断地工作而提供电能。常见的燃料电池有质子交换膜燃料电池、碱性燃料电池、磷酸燃料电池、熔融碳酸盐燃料电池、固体氧化物燃料电池、直接甲醇燃料电池、再生型燃料电池等。

燃料电池的工作原理十分复杂，涉及化学热力学、电化学、电催化、材料科学、电力系统及自动控制等学科的有关理论，具有发电效率高、环境污染少等优点。总的来说，燃料电池具有以下特点：

（1）能量转化效率高。它直接将燃料的化学能转化为电能，中间不经过燃烧过程，因而不受卡诺循环的限制。燃料电池系统的燃料-电能转换效率为 45%～60%，而火力发电和核电的效率为 30%～40%。

（2）安装地点灵活：燃料电池电站占地面积小，建设周期短，电站功率可根据需要由电池堆组装，十分方便。

4. 储备电池

储备电池是指电池正负极与电解质在储存期间不直接接触，使用前注入电解液或者使用其他方法使电液与正负极接触，此后电池进入待放电状态，如镁电池、热电池等。储备电池的外形结构如图 2.5 所示。

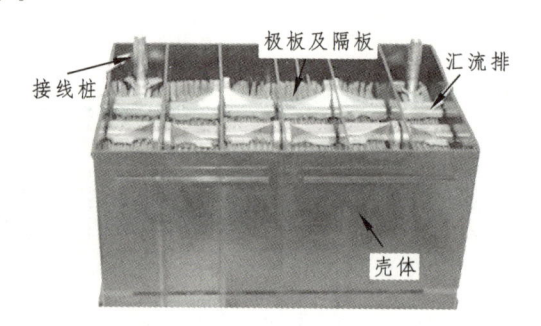

图 2.5　储备电池

（二）物理电池

物理电池是利用光、热、物理吸附等物理能量发电的电池，如太阳能电池、超级电容器、飞轮电池等。

1. 太阳能电池

太阳能电池又称为"太阳能芯片"或"光电池"（见图2.6），它是通过光电效应或者光化学效应直接把光能转化为电能的装置。在物理学上称其为太阳能光伏，简称光伏。

目前的太阳能电池以光电效应工作的薄膜式为主流，以光化学效应工作的湿式太阳能电池还处于萌芽阶段。

图2.6 太阳能电池

2. 超级电容

超级电容又叫电化学电容双电层电容、黄金电容、法拉电容，是从20世纪70年代发展起来的通过极化电解质来储能的一种电化学元件。其外形如图2.7所示。

超级电容从结构上来看与电解电容非常相似。简单来说，如果在电解液中插入两个电极，并施加一个电压，这时电解液中的正、负离子在电场的作用下就会迅速向两极运动，最终分别在两个电极表面形成紧密的电荷层，即双电层。

超级电容

图2.7 超级电容

3. 飞轮电池

飞轮电池主要由飞轮、轴、轴承、电机、真空容器和电力电子变换器等组成，如图2.8所示。飞轮是整个蓄能装置的核心部件，它直接决定了整个装置的蓄能量。对飞轮电池充电时，通过电能而使电机旋转，电机驱动飞轮加速旋转，飞轮储存动能。

图 2.8　飞轮电池　　　　　　　　　　　　　　飞轮电池工作原理

飞轮电池向外放电时，由高速旋转的飞轮带动电机旋转，将动能转化为电能，再通过电力电子变换装置将电能转换为负载所需的频率和电压。飞轮电池是 20 世纪 90 年代才提出的概念电池，它突破了化学电池的局限，用物理方法实现储能。

在飞轮电池的结构中有一个电机，充电时该电机以电动机形式运转，在外电源的驱动下，电机带动飞轮高速旋转存储电能，给飞轮电池补充容电量增加了飞轮的转速。放电时，飞轮电池的电机以发电机状态运转，在飞轮的带动下对外输出电能。飞轮电池的飞轮是在真空环境下运转的，转速极高。有关试验表明，飞轮电池比能量可达 150 W·h/kg，比功率达 5 000～10 000 W/kg，飞轮电池的使用寿命可以长达 25 年，可供电动汽车行驶 500 万千米。飞轮储能技术发展的过程中得到突破性进展是基于下述三项技术的飞速发展：一是高能永磁及高温超导技术的出现；二是高强复合纤维材料的问世；三是电力电子技术的飞速发展。为进一步减少轴承损耗，人们曾梦想去掉轴承，用磁铁将转子悬浮起来。

超导磁悬浮原理是将一块永磁体的一个极对准超导体并接近超导体，此时超导体上便产生了感应电流。该电流产生的磁场刚好与永磁的磁场相反，于是二者便产生了斥力。由于超导体的电阻为零，感生电流强度将维持不变。若永磁体沿垂直方向接近超导体，永磁体将悬空停在自身重量等于斥力的位置上，而且对上下左右的干扰都产生抗力，干扰力消除后仍能回到原来位置，从而形成稳定的磁悬浮状态。

飞轮电池技术利用了超导这一特性，把具有一定质量的飞轮放在永磁体上边，飞轮兼作电机转子。当给电机充电时，飞轮增速储能，变电能为机械能。飞轮降速时放能，变机械能为电能。

飞轮储能大小与飞轮的重量、飞轮速度有关，而且是二次方的关系，提高飞轮的转速比增加质量更有效。但是飞轮的转速受飞轮本身材料限制，转速过高，飞轮可能被强大的离心力撕裂。故采用高强度、低密度的高强复合纤维飞轮，能储存更多的能量。

（三）生物电池

生物电池是指将生物质能直接转化为电能的装置（生物质蕴涵的能量绝大部分来自太阳能，是绿色植物和光合细菌通过光合作用转化而来的）。从原理上来讲，生物质能能够直接转化为电能，主要是因为生物体内存在与能量代谢关系密切的氧化还原反应。这些氧化还原反应彼此影响，互相依存，形成网络，进行生物的能量代谢。常见的生物电池有如微生物电池、酶电池、生物太阳电池等。

1. 微生物电池

微生物电池由阳极室和阴极室组成，一个质子交换膜将两极室分开，基本反应类型分为4 步：

（1）在微生物的作用下，燃料发生氧化反应，同时释放出电子。
（2）介体捕获电子并将其运送至阳极。
（3）电子经外电路抵达阴极，质子通过质子交换膜由阳极室进入阴极室。
（4）氧气在阳极接收电子，发生氧化还原反应。

图2.9所示为某微生物电池结构。

图2.9 微生物燃料电池

2. 酶电池

酶电池通常使用葡萄糖作为反应原料，反应原理如下：葡萄糖在葡萄糖氧化酶和辅酶的作用下失去电子被氧化成葡萄糖酸，电子由介体运送至阳极，再经外电路到阴极。双氧水得到电子，在氧化酶的作用下还原成水，如图2.10所示。

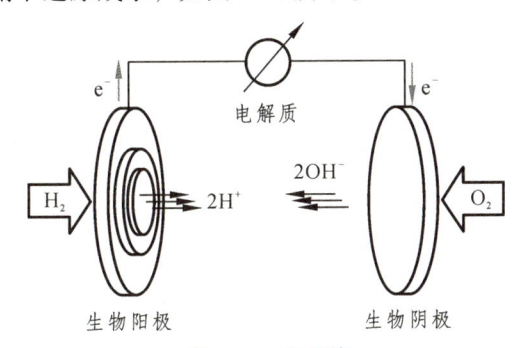

图2.10 酶电池

三、动力电池的基本构成

动力电池系统的电池单体主要由正极板、隔膜、负极板、电解液等组成。电池单体经串并联方式组合并加保护线路板及外壳后，形成能够直接提供电能的组合体，即动力电池模组。

根据封装方式、电芯形状的不同，市场上的电芯可分为三大类：方形电芯、圆柱电芯和软包电芯，前两种是用硬壳封装，以钢壳、铝壳居多。在生产制造过程中，还没进行封装的电芯，被称为裸电芯。

（一）方形电芯

方形电芯可以拆分为顶盖、裸电芯、壳体、电解液及其他零部件，如图2.11所示。

顶盖主要是正、负极极柱以及泄压阀（也称防爆阀/安全阀）。在电芯热失控产生大量气体的情况下，方形电芯上顶盖上的泄压阀会打开释放气体，避免电芯内部压力过大造成爆炸，是电芯安全的一道屏障。

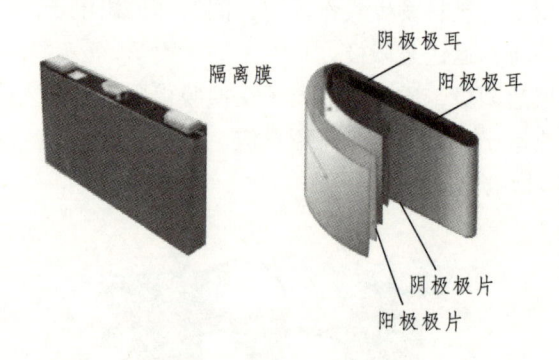

图 2.11　方形电芯

裸电芯的制造可采用卷绕或叠片工艺，图 2.11 中的裸电芯是卷绕工序制成的。组成裸电芯的极片，是用铜箔/铝箔作为集流体，再涂上活性材料。极片顶部的金属箔片经裁切形成极耳，将正负极电流导出。

采用方形钢壳或铝壳作为壳体，方形电芯的散热性、可靠性好，空间利用率高，不易受外力破坏。方形电池的尺寸可以根据车型需求进行定制化设计，而由此带来的问题就是型号多，难以标准化。

（二）圆柱电芯

典型的圆柱电芯结构包括正极极片、负极极片、隔膜、电解液、外壳、盖帽/正极帽、垫片、安全阀等。圆柱电芯一般以盖帽为电池正极，以外壳为电池负极，如图 2.12 所示。

图 2.12　圆柱电芯

圆柱电芯标准化程度较高，常见的型号有 14650、14500（5 号电池）、18650、21700 等。型号的前两位数字代表圆柱电芯的直径（单位：mm），第 3、4 位代表圆柱电芯的高度（单位：mm），最后一位的 0 指的是圆柱。

圆柱电芯比表面积大，散热效果好，且投入市场应用早，生产工艺成熟，与方形电芯、软包相比，主要的相对优势是良品率高、一致性好，但劣势在于空间利用率、成组效率低。

（三）软包电芯

软包电芯其实很常见，我们的手机用的就是小型软包电芯。动力电池的软包电芯更大，铝塑包装膜替代金属壳体，包裹着正负极材料、隔膜、电解液，如图 2.13 所示。它的体型纤薄，单体能量密度较高，内阻小，但在安全性、可靠性和成组效率上存在一定的劣势。

安全方面，软包特有的铝塑膜包装无法分担外部挤压力，挤压时易造成内部卷芯变形而发生热失控，且无法保证内部发生热失控后爆破或者热传导的方向，会胀气裂开。

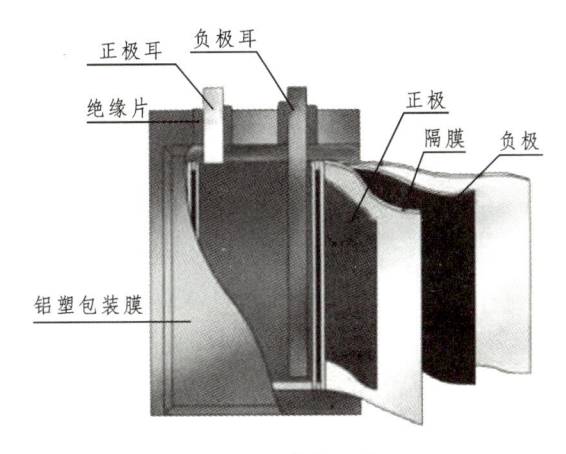

图 2.13　软包电芯

四、动力电池和电池组

纯电动汽车中动力电池是汽车唯一的动力来源，电池电能的高低决定了电动汽车的行驶里程。提高动力电池组电能的方法有两种：采用高容量的电芯，使用更多的电芯。一般电芯容量越高，成本也越高。因此优化电池组的结构，尽量使用更多的电芯成为整车厂设计过程需要考虑的重要因素。

动力电池组的电池结构可以分为三层：电池单体、电池模块、动力电池系统。

电池单体（Cell，简称电芯）：构成电池系统的最小单元，由正极、负极及电解质等组成。

电池（Battery）：由一个以上的电池单体并联或串联而成，并封装在一个物理上独立的电池壳体内，具有独立的正极和负极输出。

电池包（Battery Pack）：由多块电池通过串联或并联构成的一个存储电能或对外输出电能的部件。

电池模块（Module，简称模组）：由电池单体和模块控制器组成，作为电池系统构成中的一个小型模块。

动力电池系统（Battery，简称动力电池组）：为电动汽车提供能量的蓄电池，其中包括电池单体、电池管理控制器以及其他电气机械装置。

因此，电池的结构可以概括为 12 个电芯组装成 1 个模组，16 个模组组装成一个动力电池组，动力电池组运输到整车厂进行装车工序。

五、动力电池的特征参数

动力电池的品种很多，性能各异，要评定电池的实际效应，主要看电池的性能。电池的技术参数关系到整车的续驶里程、加速和爬坡能等。作为表征动力电池性能的参数，主要包括电压、内阻、容量、比能量、比功率及循环寿命等。

（一）电池的电压

电池两个电极之间的电位差，称为电池的电压。电池电压的常用名称有理论电压、开路电压、放电电压、标称电压、终止电压、初始电压、平均电压、负载电压或工作电压等。在定义和数值上有较大差异。

（1）开路电压：电池开路时，正负极之间的电位差。开路电压受电池 SOC（荷电状态）影响。

（2）理论电压：即电池的电动势，是电池正极理论电动势与负极理论电动势之差。

（3）负载电压：电池输出电流时两个电极间的电位差。负载电压也被称为放电电压或工作电压。在电池开始放电的初始瞬间达到稳定时刻的负载电压，称为初始电压，有时也称为负载启动电压。

（4）标称电压：有时也称为公称电压，是用来鉴别电池类型的适当的电压近似值，或者说在规定条件下电池工作的标准电压。镍氢（Ni/MH）电池的标称电压为 1.2 V；磷酸铁锂离子电池的标称电压为 3.2 V；锰酸锂和钴酸锂电池及三元材料锂离子电池的标称电压为 3.6 V。

（5）终止电压：通常指放电终止电压，即电池放电终止时的规定电压。放电电流、环境温度等影响放电的终止电压，低于此电压电池就会出现过放电。

（二）电池的容量

电池在一定放电条件下所能放出的电量，称为电池的容量。电池容量常以符号 C 来表示，最常用的单位为安培·小时，简称安·时，符号为 A·h。

电池的容量可分为理论容量、标称容量和额定容量，在应用中，也提出了实际容量的概念。

（1）理论容量：指活性物质全部参加电化学反应所放出的电量。理论容量是计算值而不是实验值。在实际的电池中，放出容量只是理论容量的一部分。电池的容量受到两电极容量的限制，是由其中容量较小的电极容量所控制。

（2）额定容量：指在规定条件下，电池所能提供的电量。额定容量的数值是由生产厂标明的，是一种在规定条件下的保证容量或法定容量。当电池达不到额定容量时，可以认为是不合格产品，应由生产厂家更换或赔偿。额定容量的测试条件如充电方法、放电电流、测试环境温度、终止电压等受到严格限制。

（3）标称容量或公称容量：只用来鉴别电池的近似容量。因此，标称容量只标明了电池容量范围的一般值，而没有标明电池容量的确切值。

（4）实际容量：蓄电池在一定条件下的输出能力。实际容量越大，车辆续航里程越远，实际容量大于额定容量为合格蓄电池。蓄电池的实际容量主要取决于活性物质的数量、质量以及活性物质的利用率。

（三）内　阻

（1）定义：蓄电池的内阻是指蓄电池在工作时，电流流过蓄电池内部受到的阻碍作用。

内阻大小受蓄电池的材料、制造工艺、蓄电池结构等因素的影响。内阻越大，蓄电池工作内耗越大，蓄电池效率越低。

（2）分类：蓄电池内阻包括欧姆内阻和极化内阻。欧姆内阻由电极材料、电解液、隔膜电阻及各部分零件的接触电阻组成。极化内阻包括电化学极化与浓差极化引起的电阻。

（3）影响因素：蓄电池内阻是一个非常复杂而又非常重要的特性，影响内阻的因素有材料、制造工艺、蓄电池结构等。

（4）产生结果：由于内阻的存在，当蓄电池放电时，电池内部要产生热量，消耗能量，电流越大，消耗能量越多。因此，内阻越小，蓄电池的性能越好，不仅蓄电池的实际工作电压更高，消耗在内阻上的能量也少。

（四）蓄电池能量

（1）定义：蓄电池能量是指蓄电池储存能量的多少，单位为 W·h。
（2）公式：能量（W·h）＝额定电压（V）×工作电流（A）×工作时间（h）。
（3）理论能量：是蓄电池的理论容量与额定电压的乘积。
（4）实际能量：蓄电池实际容量与平均工作电压的乘积。

蓄电池能量是衡量蓄电池带动设备做功的重要指标，但容量不能决定做功的多少。

（五）能量密度

能量密度是指从蓄电池的单位质量或单位体积所获取的电能，单位为 W·h/kg、W·h/L。例如，某锂蓄电池质量为 325 g，额定电压为 3.7 V，容量为 10 A·h，则其能量密度约为 113.8 W·h/kg。常见蓄电池能量密度见表 2.1。

表 2.1 常见蓄电池能量密度

常见蓄电池	铅酸蓄电池	镍镉蓄电池	镍氢蓄电池	锂蓄电池
质量能量密度/（W·h/kg）	30～50	50～60	60～70	130～150
体积能量密度/（W·h/L）	50～80	130～150	190～200	350～400

（六）功率与比功率

功率指在一定放电制度下，单位时间内电池输出的能量，单位为 W 或 kW。而单位质量或单位体积电池输出的功率称为比功率，单位为 W/kg 或 W/L。比功率的大小表征电池所承受的工作电流的大小，是体现电池性能的一项重要指标。

对于确定的电化学体系，电池能够提供的最大输入与输出功率总体上与电池内阻和工作温度密切相关，而电池内阻的大小则与电池所采用的材料和电池结构设计有关，电池正、负极材料的电化学活性、粒度与粒度分布、结构组成与表面形貌、材料导电性、黏合剂及添加剂等电极工艺因素都对电池的内阻起重要影响。同时，电池反应有效电极面积（高功率条件下的电极电流密度大小及其分布）、电极与电池汇流结构方式、单体与电池组系统热管理等电池结构和工艺条件因素，也同样制约和影响电池高功率特性。

（七）放电制度

电池放电时所规定的放电速度、放电温度和终止电压，通常称为放电制度。

（1）放电速度：通常称为放电率，以放电时率和放电倍率表示。通常以放电时间的长短或放电电流的大小来表示电池的放电速度，即在规定的时间内或以恒定的电流值，使电池放出全部的额定容量。

（2）放电温度：放电时电池所处的环境温度。在放电或充电开始时，电池的温度称为初始温度。

（3）终止电压：当达到电池放电截止条件时，终止对电池的放电称为放电截止。放电截止可以有效地保护电池，防止电池出现过放电。过放电导致的严重的后果是，可能引起电池正负极活性的降低甚至丧失，从而导致电池性能和使用寿命的快速降低。

放电终止电压为电池在负载状态保证电池不出现过放电的情况下，可以达到的最低电压。放电截止电压受电池的放电倍率和环境温度影响，一般来说，放电电流越大，时间越短，放电截止电压越低；放电电流越小，时间越长，放电截止电压越高；环境温度越低，截止电压越低。

（八）自放电率

（1）定义：蓄电池在储存过程中，容量会逐渐下降，其减少的容量占额定容量的比例，称为自放电率，用单位时间（月或年）内蓄电池容量下降的百分数来表示。

（2）原因：由于电极在电解液中的不稳定性，蓄电池的两个电极会发生化学反应活性物质被消耗，产生电能，化学能减少，蓄电池容量下降。

（3）影响因素：环境温度对其影响较大，高温会加速蓄电池的自放电。

（4）表示方法：%/月或%/年。

（5）产生结果：蓄电池自放电将直接降低蓄电池的容量，自放电率直接影响蓄电池的储存性能，自放电率越低，储存性能越好。

（九）输出效率

动力电池作为储能器，充电时电能转化为化学能储存起来，放电时化学能转化为电能释放出来，在可逆的化学过程中，有能量消耗，因此有输出效率的高低。

（十）记忆效应

（1）定义：蓄电池经过长期浅充浅放电循环后，进行深放电时，表现出明显的容量损失和放电电压下降，经数次全充/全放电循环后，电池特性即可恢复的现象即为记忆效应。

（2）原因：蓄电池内物质产生结晶，如镍锰蓄电池中，不断聚集成团形成大块金属锰，降低了负极的活性。

（3）避免：为了消除蓄电池的记忆效应，在充电之前，必须先完全放电，然后再充电（如镍氢蓄电池）。锂离子蓄电池无记忆效应，可随充随放。

（十一）寿　命

电池的寿命一般指电池的充放电循环次数，不同的应用要求，考核寿命的方法也不同。电动汽车用动力电池一般在 80% DOD（电池的放电深度）、常温条件下进行循环。电池的寿命直接影响电动汽车的使用成本。应当注意的是，单体电池的寿命并不能代表电源系统的寿命，电池成组后，由于温度、一致性、使用环境等原因，其使用寿命比单体电池的循环寿命要低得多，正常情况下电池组的寿命仅有单体电池寿命的 50%～80%。寿命参数可分为循环寿命、存储寿命和日历寿命。

1. 循环寿命

定义：在指定的充放电终止条件下，以特定的充放电制度进行充放电，动力电池在不能满足寿命终止标准前所能进行的循环数。

影响因素：不正确使用蓄电池、蓄电池材料、电解质的组成和浓度、充放电倍率放电深度、温度、制造工艺等都会对蓄电池的循环寿命有影响。

2. 存储寿命

电池在没有负荷的一定条件下进行放置，直到达到规定的性能劣化程度所能放置的时间称为存储寿命。

3. 日历寿命

电池在使用及搁置条件下达到规定的性能劣化程度时所需要的时间称为日历寿命。

(十二) 储　存

电池的储存条件直接影响电池的使用寿命。电池储存不当会使其性能发生衰减。电池的储存条件包括电池的荷电量、储存温度等。一般在较低温度下储存可以延长电池的储存寿命。

任务二　动力电池发展现状与趋势

一、动力电池市场前景

随着石油资源的匮乏与环境污染的加剧，车辆能源结构调整和新能源产业已成为全球科学研究和经济发展的一个热点。电动汽车作为新一代环境协调型交通工具的发展方向已形成共识。近年来，混合动力电动汽车、纯电动车快速发展。全球环保要求的提高和电动车等新型交通工具的发展，将推动动力电池产业的快速发展。车用动力电池将对 21 世纪的能源结构产生重大和深远的影响。根据全球汽车工业的发展趋势，随着汽车功能的增加，如满足驾乘人员舒适性要求的电加热座椅、电动液压制动，满足环保要求的催化剂转换器预热，满足环保和节能要求的油电混合动力（轻度混合）以及新型汽车电器的增加，汽车对蓄电池功率的要求也将提高。汽车电源系统将由现在的 12 V/14 V 逐步向 36 V/42 V 过渡，该变化要求电池不仅能满足启动型电池的要求，同时要满足动力型电池的要求，既为铅蓄电池的发展带来了商机，也为氢镍、锂离子等其他新型二次电池带来发展机遇，同时为油电混合动力电动汽车向中度和高度混合发展创造了条件。

目前，电动力汽车和混合动力汽车中的动力电池最基本的 5 项考察因素是能量、功率、安全、价格和寿命。这 5 种因素将会影响电动力汽车和混合动力汽车的推广。我国《电动汽车科技发展"十二五"专项规划》指出，发展电动汽车要重点突破电池、电机、电控等关键核心技术。在电动汽车的三大核心技术中，动力电池更是发展新能源汽车的软肋，世界各国竞相追逐电动汽车电池专利。中国的动力电池企业必须拥有自主知识产权，才能在新能源汽车发展的竞争中处于有利地位。

二、动力电池发展趋势

长期以来，电池的寿命和成本问题一直是电动汽车发展的技术瓶颈。通过不断的技术创新与技术改进，电池技术得到了飞速发展。动力电池已经从传统的铅酸电池发展到镍氢、钴酸锂、锰酸锂、聚合物、三元材料、磷酸铁锂等先进的绿色动力电池，动力电池在能量密度、功率密度、安全性、可靠性、循环寿命（见图2.14）、成本等方面都取得了很大进步。

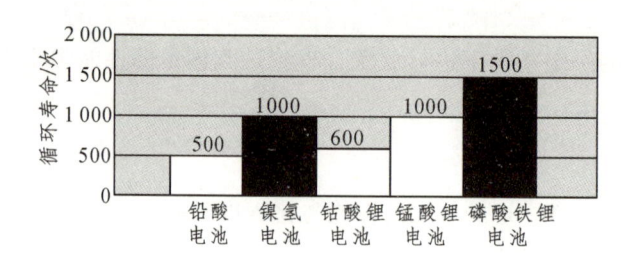

图2.14 各种动力电池的循环寿命

纵观其发展史，动力电池分别经历了铅酸电池、镍镉电池、镍氢电池、锂电池、燃料电池的时代，现在世界各国将混合动力汽车（HEV）作为最现实的发展目标，已经大批量生产、销售。2020年，美国、欧洲、中国和日本混合动力汽车和纯电动汽车（BEV）的比例占汽车产量的25%左右，全球出现了投资车载电池热。

中国在动力电池上的投资热不亚于发达国家，甚至有投资过热的现象。2012年国务院发布了《节能与新能源汽车产业发展规划（2012—2020年）》，2021年国家发改委发布《新能源汽车发展规划（2021—2035）》，从轻度混合动力过渡到插电式混合动力，从而实现纯电动汽车的发展，这是中国新能源汽车发展的必经之路。

当前，电动汽车爆发式增长，促进锂电池行业发展。随着政策支持力度加强以及消费者对新能源特别是电动汽车接受度提升，中国电动汽车发展呈现爆发式增长。工信部数据显示，2023年7月，我国新能源汽车产销分别达到80.5万辆和78万辆，同比分别增长30.6%和31.6%，市场占有率达到32.7%。

当前，国际上各大电池公司均将锂电池的开发作为新能源汽车的主攻方向，纷纷投入巨资研制研发锂离子动力电池，并且在技术上取得了一系列重大突破。如美国的A123公司研制的离子动力电池，电池容量为23 A·h，循环寿命长达1 000次以上，能够以70 A电流持续放电，120 A电流瞬时放电，产品安全可靠；美国Valence公司研制的U-charge磷酸铁电池，除了能量密度高、安全性好以外，可在−20～60 ℃的宽温度范围内放电及储存，其质量比铅酸电池轻了36%，一次充电后的运行时间是铅酸电池的2倍，循环寿命是铅酸电池的6～7倍。随着离子动力电池技术的不断发展，其在电动汽车上的应用前景被汽车企业普遍看好。在近两年国际车展上，各大汽车公司展出的绝大多数纯电动汽车和混合动力汽车都采用了锂离子动力电池。目前，锂离子电池的主要生产国是日本、韩国和中国。我国自2012年以来，锂电池行业保持高速增长并加快了对传统电池的替代。业内预计，锂电池的增长速度依然能保持年均近 25% 且成本会不断下降。

三、我国动力电池发展趋势及须克服的问题

（一）中国动力电池发展趋势

（1）动力电池未来向高性能、低成本、长寿命方向发展，动力电池的比能量、能量密度和使用寿命持续增长，而成本却逐步降低。计划到 2030 年，纯电汽车动力电池比能量增长到 500 W·h/kg，纯电动汽车能量密度增长到 1 000 W·h/L，纯电汽车动力电池寿命使用可长达 15 年；而动力电池的成本到 2030 年将降低到 4 元/（W·h）。

（2）产销量持续快速增长，行业集中度在竞争中提升。2018 年，中国新能源汽车销量达到 125.6 万辆，动力电池产业在新能源汽车产业的带动下，继续保持快速增长，全年总装机量达到 56.9 GW·h，同比增长 56.3%。从动力电池生产企业集中度以及数量上可以看出，动力电池行业发展在经历大浪淘沙后集中度得到有效提升，动力电池行业市场份额也在进一步向龙头企业集中。

（3）动力电池系统销售价格下降，上游材料成为关键因素。动力电池系统作为新能源汽车中成本占比最高的部件，直接决定了整车的市场定价。在我国动力电池产品成本的发展演变中，产业链的建设完善和国产化率的不断提高对动力电池的成本下降起到了关键的助推作用。2018 年，我国动力电池上游材料产量增长迅猛，产业化进程不断加速，降低动力电池成本成效明显。整体上，我国新能源汽车动力电池系统的销售价格呈现逐年下降的趋势，但竞争态势仍然严峻，需要产业协力共同促进。

（4）动力电池发展利好，但负面事件频发仍引担忧。动力电池行业发展不断利好，但近日连续的新能源汽车自燃事件却为整个动力电池行业敲响警钟。随着大量车企涌入新能源领域，安全已经成为行业的重要问题。目前，蓄电池技术的研发明显跟不上电动汽车行业的大规模扩张，蓄电池技术有待突破，安全问题亟待解决。

（5）回收路线渐趋清晰，商业体系仍待健全。据工信部统计，2023 年 1—5 月，我国回收利用废旧动力电池 11.5 万吨，超过 2022 年全年总量。有相关机构预计到 2030 年，我国动力电池回收量将达 602.8 万吨。目前，宁德时代、比亚迪、国轩高科、中航锂电等蓄电池生产企业和材料生产企业，均已在动力电池回收领域布局上开始发力。回收网络已初步构建，但尚未成熟，商业模式及体系仍有待继续探寻和健全。

（二）我国动力电池发展须克服的问题

我国目前车用动力电池技术路线选择的是与美国相同的磷酸铁锂路线，但锂电池技术整体水平仍落后于美国、日本。

（1）知识产权问题。磷酸铁锂的正极材料专利由美国得州大学 Goodenough 团队在 1996 年获得，加拿大 H-Q 和 Phostech 则取得其独家专利和商业授权。目前，陆续发展出了敷碳、金属氧化物包覆、纳米化等改性和制备技术，借此提高磷酸锂铁粉体的导电性，并派生出更多专利。因此，专利问题是国内磷酸铁锂制造企业难以避开的问题。

（2）制造一致性问题。电动汽车所用的锂电池都是串联或并联在一起，如果一致性问题得不到有效解决，所生产的锂电池也就无法大规模应用于电动汽车。

（3）成组后安全性和寿命问题。大功率充放电的大容量离子动力电池组，在苛刻的使用条件下更易诱发电池某个部分发生偏差，从而引发安全问题。单体磷酸铁锂电池寿命可超过 2 000 次，但由上百块单体电池串并联后，整个电池组的寿命可能只有 500 次，必须使用电池管理系统（BMS）对电池组进行合理有效的管理和控制。

（4）高能量和高功率兼容问题。离子动力电池虽然具有高能量密度，可使电动汽车匀速行驶更长时间，但却存在着启动时功率不够，启动加速较慢的问题。在电化学体系中只有超级电容器才能获得非常高的充放电倍率（1 000 ℃），但其能量密度只有锂电池的 1/20。若不辅以超级电容，尚无理想的高容量高功率动力电池出现。

（5）原材料筛选问题。现在用于锂电池生产的原材料不可能全部进口，主要还是取自国内。但是国内的原材料要通过国际认证，生产出的锂电池才能被国际认可，所以目前还需要解决在原材料认证环节上所存在的一些问题。

在燃料电池方面，要实现其产业化，必须使其产生的电力成本低于或接近化石燃料的价格。除电池关键组件的优化和组装等基础层面的难题外，还需要克服以下一些制约燃料电池产业化的技术壁垒：

（1）贵金属成本。燃料电池产业化后，其生产会导致贵金属资源短缺问题。而当前研发的替代型催化剂和多元催化剂还远远达不到产业化的技术要求。

（2）燃料电池堆的稳定性。车用燃料电池系统的运行寿命与国际水平还有很大差距，且燃料电池堆的低温性能还有待提高。

（3）燃料电池产业化的基础设施必须建立和完善。在解决成本和性能稳定性问题后，还须建立一个可维持运转的液态氢技术设施网络。当前我国氢燃料补给站仅 60 座左右，在能领域，我国缺少布局规划，资金投入不足，且没有制定清晰的路线图和时间表。

（4）进一步加大政府支持力度。国家应继续加大对燃料电池研究机构的扶持，并鼓励和引导有实力的企业进入燃料电池行业，运用资本和政府投资的带动效应，引起民间和国际资本的跟进，全面进入燃料电池产业。

项目三　动力电池管理系统

不同形式能量混合后必须要经过能量管理才能有效地给车辆提供动力，能量管理工作是新能源汽车的核心工作，没有有效的能量管理就没有新能源汽车。换言之，车辆行驶提出的转矩需求必须经过能量管理模块，根据车辆动力混合方式、部件、策略的不同，合理地将能量需求分配到不同的驱动系统中去。对于纯电动汽车和混合动力汽车来说，电池管理系统还有些差别。

任务一　动力电池管理系统的基本构成和工作原理

一、动力电池管理系统的定义

电池管理系统（Battery Management System，BMS），是动力电池系统不可或缺的一部分，也是纯电动汽车中一个重要的电气子系统，在保障纯电动汽车的安全运行、提升电池系统的性能等方面，具有非常重要的意义。它能监控电池的工作状态（电池的电压、电流和温度）、预测动力电池的电池荷电状态（SOC）和相应的剩余行驶里程，进行电池管理以避免出现过放电、过充、过热和单体电池之间电压严重不平衡现象，最大限度地利用电池存储能力和循环寿命。

电池管理系统

电池管理系统通过对动力电池充放电的有效控制，可以达到提高动力电池的使用效率，延长其使用寿命、增加车辆续航里程、降低车辆运行成本的目的，并能保证锂电池应用的安全性和可靠性。

二、动力电池管理系统的基本构成

纯电动汽车能量管理系统主要由电池输入控制器、车辆运行状态参数、车辆操纵状态、能量管理系统（ECU）、电池输出控制器、电机发电机系统控制等组成，如图 3.1 所示。

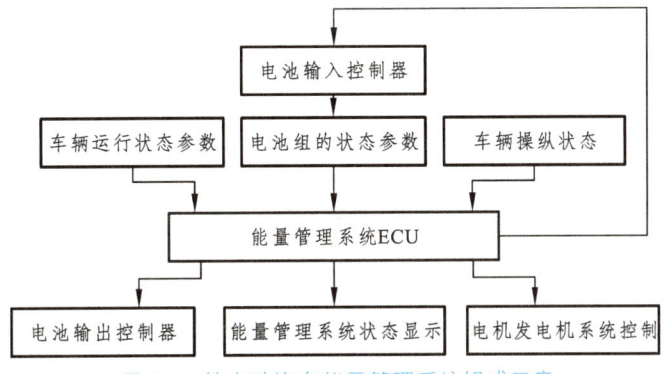

图 3.1　纯电动汽车能量管理系统组成示意

三、动力电池管理系统的作用和工作原理

BMS 作为电池系统的核心部分，承担着动力电池的全面管理，与电机控制系统、整车控制系统共同构成电动汽车的三大核心技术。BMS 通过监测动力电池包温度信息、各单体电池的电压信号以及电流信号，确定动力电池包的工作是否正常，从而确定电池系统的状态。当出现异常信息时，BMS 控制电池热管理系统器件或动力电池包内高压继电器的工作状态将改变，从而确保动力电池系统安全稳定运行。

BMS 的主要工作原理可简单归纳为：数据采集电路采集电池状态信息数据后，由电子控制单元进行数据处理和分析，然后根据分析结果对系统内的相关功能模块发出控制指令，并向外界传递信息。

四、动力电池管理系统控制原理

电池管理系统的控制主要包含 BMS 保护控制、BMS 上下电控制以及应急故障控制。

（一）BMS 保护控制

电池管理系统 BMS 的监测系统，能够实时监测锂电池的状态，而控制系统需要根据锂电池的状态，在需要的时候对动力电池的工作进行干预，如断开或闭合充放电回路的 MOS 管。

1. 电压保护控制

锂电池本身的化学特性决定了必须要对其电压进行保护。所谓电压保护，是必须要保证锂电池的电压永远在合适的范围之内，不能让电压过低。因为其内部存储电能是靠一种可逆的化学变化实现的，过度的放电会导致这种化学变化有不可逆的反应发生，因此锂电池最怕过放电，一旦放电电压低于 2.7 V，将可能导致电池永久性损坏，也就是报废。同时，也不能让电压过高，因为电池一旦过度充电，导致的危害远远大于过放，过放最多损坏电池，不会对周围造成危害，而过充则可能导致电池温度升高，可能发生自燃甚至爆炸，这种危害是致命的。

2. 电流保护控制

所谓电流保护，就是必须保证无论是充电还是放电，电流都不能过大。短路便是过流的一种体现，当系统正负极直接接触，导线电阻极小，导致电流极大，极大的电流又会产生大量的热，从而引发的燃烧和爆炸是很致命的。其实，就算不是短路，过大的电流依然会导致电池内部发热，这样也极有可能会造成永久性的损害。

3. 温度保护控制

锂电池本身的化学特性导致它不能在极端温度下使用，其温度保护比较简单，一般的逻辑就可以实现，温度值有上限，也有下限，甚至再细分还可以分为充电时的温度保护以及放电时的温度保护。

（二）BMS 上下电控制

BMS 工作时，动力电池内的各种传感器实时监测电池模组和单体电池的电压、温度等信号，通过采样线送给信息采集器（BIC）。BIC 整合分析后送给电池管理器（BMC）。同时，启

动按钮、制动开关、加速踏板等操作信号送给整车控制器（VCU），分析处理后，通过动力CAN总线送给BMC。BMC根据BIC的动力电池状态信息和整车控制器的车辆操作信号，判定动力电池的状态和车辆工况。在动力电池正常的情况下，控制动力电池的预充、主负和主正接触器工作，控制动力电池进行充电或放电工作。

1. BMS控制车辆上电

BMS控制车辆上电的本质是按照规定流程控制电机控制器、电池管理系统等部件的供电，并控制预充电器、主继电器的吸合和断开时间，具体控制架构体系如图3.2所示。

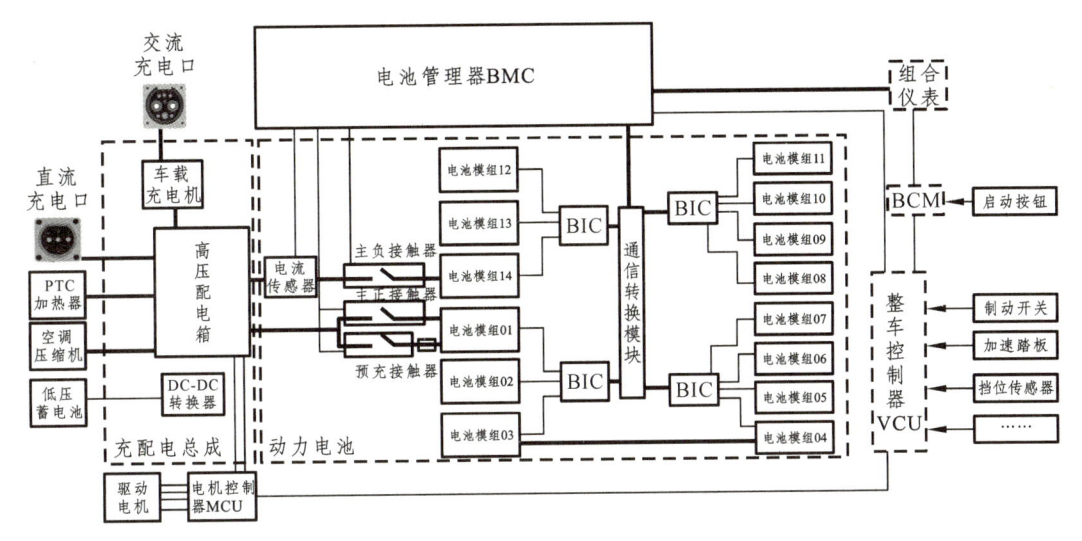

图3.2 BMS上下电控制示意

2. BMS控制车辆下电

BMS控制车辆下电，实质上是BMS控制主正接触器和主负接触器断开，动力电池高压电路断开和低压电断开的过程。

（三）应急故障的控制逻辑

当车辆运行过程中，发生重大安全事故（如严重碰撞）或致命故障时，整车功能和性能受影响，限制功率立即降为0，电池管理系统（BMS）立即断开接触器，故障零部件记录故障码，ICU点亮系统故障灯和相关零部件故障指示灯。

五、动力电池管理系统的分类

电池管理系统（BMS）在新能源汽车上实时采集动力电池内温度、电压、电流等信息，并经过分析处理，判定动力电池的状态信息，通过CAN通信系统与车辆控制单元进行信息交换。所以，电池管理系统，向上通过CAN总线与电动汽车整车控制器通信，上报电池包状态参数，接收整车控制器指令，并配合整车需要，确定功率输出；向下监控整个电池包的运行状态，保护电池包不受过放、过热等非正常运行状态的侵害；同时，在充电过程中，电池管理系统与充电机交互，管理充电参数，监控充电过程正常完成。根据采集模块和主控模块在实体上的分配不同，从拓扑架构上看，电池管理系统（BMS）主要分为分布式管理系统

（Distributed）和集中式管理系统（Centralized）两类。这里主要介绍两种管理系统的组成、布局特点及应用。

（一）分布式电池管理系统

分布式管理系统是将电池模组的信息采集功能独立分离。分布式电池管理系统 BMS 架构能较好地实现模块级（CSC Module）和系统级（Pack）的分级管理。分布式管理系统一般包括一个主控板（即主控模块）、多个从控板（即采集模块）。主控板（即主控模块）负责给从控板提供电源和信号传输必须的线束；从控板（即采集模块）一般布置在采集温度、电压的电池模组附件，把采集到的信号通过 CAN 线送给主控板。常见的分布式电池管理系统 BMS 由 1 个主控制器、1 个高压控制器、若干个从控制器、一个绝缘监测模块及相关采样控制线束组成，通过 CAN 总线实现各控制器间信息交互，如图 3.3 所示。这个管理系统主要由电池模组管理单元（BCU 或 CSC）、动力电池管理控制器（BMU）、S-Box 继电器控制器（IVU）和绝缘监测模块形成的分布式电池管理系统架构，是一种典型的两层管理架构。

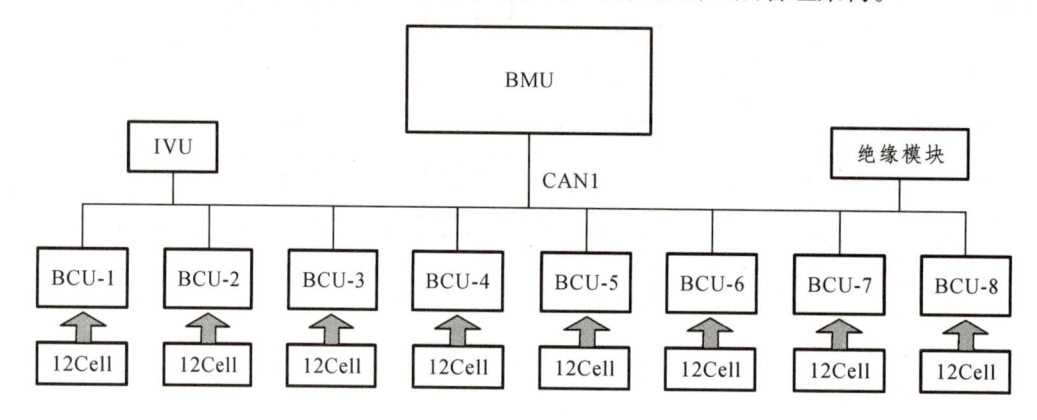

图 3.3 常见分布式电池管理系统架构

其中，BMU 是电池管理系统 BMS 的总控制器，处理从控制器、高压控制器和绝缘模块上报的信息，同时根据上报信息判断和控制动力电池运行状态，充放电控制，实现 BMS 相关控制策略，并做出相应故障诊断及处理。BCU 是电池管理系统 BMS 的从控制器或电池模组管理单元，实时采集并上报动力电池单体电压、温度信息采集，反馈每一串电芯的健康状态（State of Health，SOH）和荷电状态（State of Charge，SOC），同时具备主动/被动均衡电路功能，有效保证了动力使用过程中电芯的一致性。IVU 是电池的高压控制器，可以进行电池组电流、总电压采集，实时采集并上报动力电池总电压、电流信息，并为 BMU 计算、提供准确数据，同时可实现预充电检测和绝缘检测功能。

分散式 BMS 为电池各种信息采集和控制器间信息交互提供硬件支持，同时在每一根电压采样线上增加冗余保险功能，有效避免因线束或管理系统导致的电池外短路，实现电池组绝缘电阻采集，可以与 IVU 集成。在分布式电池管理系统中，电池模组与采集模块是模块级管理，它们的连接有两种形式：一种是一个采集板与一个电池模组连接，每个采集板只需要管理一个电池模组，如图 3.4 所示。另一种是一个采集板与多个电池模组连接，每个采集板管理多个电池模组，如图 3.5 所示。

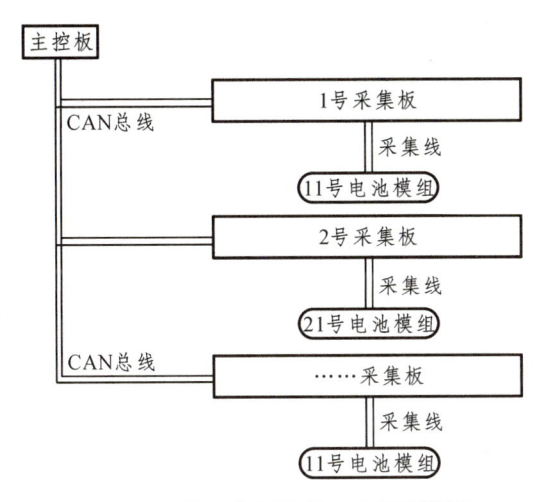

图 3.4　一个采集板管理一个电池模组

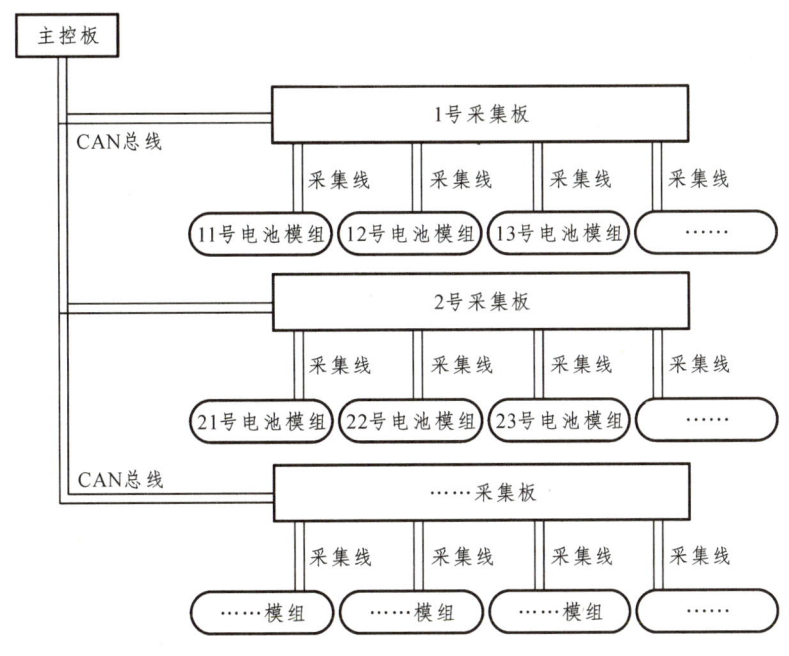

图 3.5　一个采集板管理多个电池模组

分布式管理系统的主控板（即主控模块）和从控板（即采集模块）是独立的控制模块。这种管理架构，电池模组与从控板（即采集模块）直接连接，其采集的信息可以通过电池内部 CAN 输送到主控板，所以电池模组与从控板之间的线束距离均匀，不存在压降不一致的问题，但是需要独立的 CAN（电池内部 CAN）支持各个电池模块之间的信息整合并发送给主控板（即主控模块）。这种系统方案成本高，但是移植起来比较方便，实现起来相对简单，减少了线束应用，降低了现场接线工作量，主要应用于电池数目多的高压系统或商用车布置几个电池箱的情况。目前，乘用车大多采用主从式结构的分布式电池管理系统。

（二）集中式电池管理系统

集中式管理系统将采集板的信息采集和主控板（即主控模块）的功能集成在一个板上，

即将所有的单体电压采集、温度监测、总电压监测、电流监测、绝缘监测的功能都集成在一个板上，如图 3.6 所示的主控板+采集板。

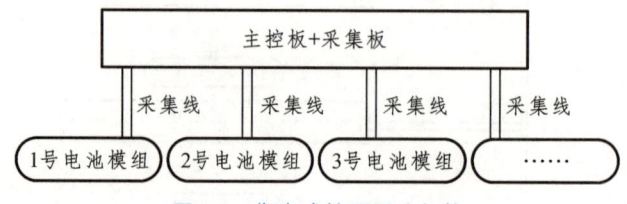

图 3.6 集中式管理系统架构

这种管理系统实质上是将多个采集板和主控板（即主控模块）都集成在一个总控制盒内部，一般包括电池模组信息采集模块、总电压采集模块、继电器控制模块等，如图 3.7 所示。其中，信息采集模块也称为采集板（采集成板与电池模组之间通过采样线直接连接），它可以采集电池模组上的电压、温度采样点直接采集电池相关信息，送给主控板内的主控制模块；总电压采集模块直接采集电池系统总电压和监测电池的绝缘电阻；继电器控制模块可以监测和控制继电器的工作。

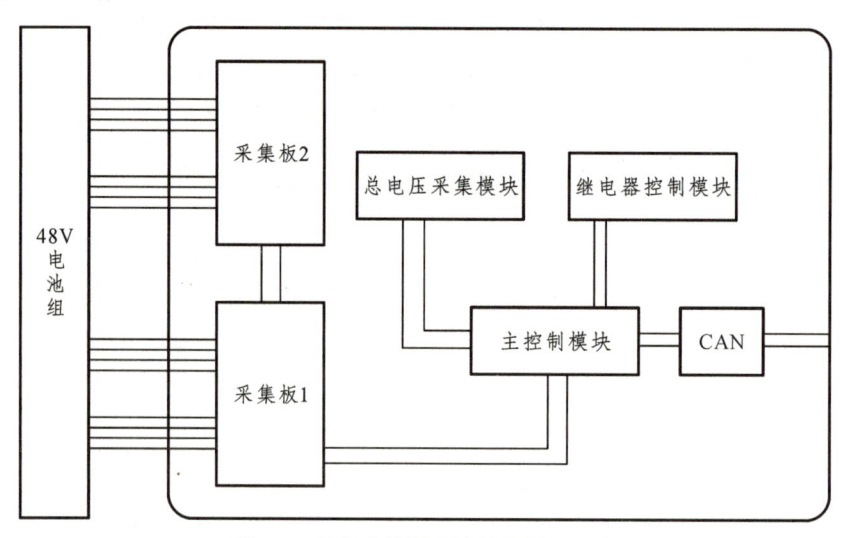

图 3.7 集中式管理系统总控制盒示意

这种电池管理系统硬件可分为高压区域和低压区域：高压区域负责进行单体电池电压的采集、系统总电压的采集、绝缘电阻的检测；低压区域主要包括负责给主控板+采集板提供工作电压的供电路、CAN 通信电路、控制电路等。集中式管理系统省去了从控板，也省去了主板从板之间的通信线束和接口，造价低，信号传递可靠性高，所以其优点在于设计构造简单、成本低；但这种系统的所有线束都直接连接到总控制盒，线束比较复杂、管理电池数量不能太多，需要与单体电池一一对应，如果接错会有电池短路起火的风险。因此，集中式电池管理系统一般常见于容量低、总压低、电池串数较少、电池系统体积小的场景中，如总电压比较低的电动叉车、电动低速车、轻混合动力汽车。

六、BMS 对电池的要求

电池在汽车动力系统中的使用是一个复杂的过程，电池必须提高安全性、比功率、比能量，减少自放电率和成本，除此之外，还需要考虑在汽车中使用的许多特殊问题，如电池的一致性、电池之间的连接、漏电保护及高压安全、通风散热、电池盒的防水与防尘、系统的可维护性等问题。只有解决了这些问题，动力电池才能在电动汽车中得到广泛应用。

管理系统是对动力电源系统中电池的工作进行管理，它并非一种专用仪表，而是一个系统，并不是什么样的电池都能应用电池能量管理系统，它应具备一定的条件才能发挥其功能，否则会带来不可预见的后果。

（一）电池性能的一致性达到控制要求

电池能量管理的控制参数（电压、SOC 等）是由电池包参与工作的电池模块或单体电池采样的虽然许多管理系统具有均衡功能，但在电池之间性能差别很大的情况下，很难达到均衡一致，会造成 SOC 的判断不准确，或者电源系统频频报警或故障，使系统不能正常运行。所以，用于电池能量管理的电池或电池模块其性能间的差异必须控制在一定范围内。

（二）电池包内温度的均匀性达到控制要求

电池包内温度传感器的数量是有限的，不可能监测到每一只电池的温度，一般监测的是电池包内温度最高处的温度或具有代表性的位置的温度。若电池包内温度差别过大，进行温度测试与控制将失去意义。

（三）电池自身的可靠性

管理系统只能控制正常电池在安全范围内运行，它解决不了电池内部的问题，如电池内部出现微短路、短路等现象，管理系统是不能解决的，只能从电池自身的安全性设计予以解决。

七、典型的电动汽车电池管理系统

电动汽车电池管理系统，是电动汽车电源系统中监控运行及保护电池关键技术中的核心部件，能给出剩余电量和功率强度预测、进行智能充电和电池诊断安全等功能集合的综合系统。

美国通用汽车公司的 BMS 采用了一个微型计算机，对电池组进行管理，监测和控制蓄电池组的充放电工作状态提高电池的充放电性能，预测蓄电池组的荷电状态和剩余能量。同时，通用也在开展基于智能电池模块的电池管理系统的研究。即在一个电池模块中装入一个微控制器并集成相关电路，然后封装为一个整体多个智能电池模块再与一个主控制模块相连，加以其他辅助设备，构成了一个基于智能电池的管理系统。该 BMS 系统成功实现了对每个电池模块的状态监测、模块内电池电量均衡和电池保护等功能。

在欧洲，法国是电动汽车应用发展较快的国家。法国电动汽车计划（EDF）设计了一个随车电池管理系统来管理其电动汽车上的密封铅酸电池组，其主要功能为电池寿命的记录、充电监测、行驶过程中电池组的管理、剩余电量显示，防止对电池的有害使用，收集电池信息从而确定如何合理使用电池和更换电池。

在德国，西门子公司在其开发的电动汽车上安装了一个电池管理系统，电动汽车充电时，电池管理系统能跟踪电池充电特性，控制充电器对电池进行优化充电，电池管理系统对电池的工作状态进行监测，检测电池组的电量消耗，并将有关信息传送到仪表板上的仪表和信号指示装置上。

在日本，本田公司在电动汽车上安装的电池管理系统包括管理控制模块、动力充电器、惯性控制开关、高压系统安全检测装置等。该系统对电池的状态进行监控，并根据电池的状态控制动力充电器的充电过程，当动力电池组高压端与车体有接触时，管理系统发出报警信号，当电动汽车发生碰撞时，管理系统切断电源，以保证安全。

我国在"十五"期间设立了电动汽车重大专项，经过多年的发展之后，在电池管理系统方面取得了很大的突破，与国外的水平也较为接近。各高校和动力电池公司等单位承担了混合动力汽车中电池系统研究的相关课题，并取得了良好的效果，在一汽、东风、上汽等多个汽车厂家均进行了装车，部分实现了量产。北京交通大学研究了包括国家电动汽车运行试验示范区、北京公共交通控股有限公司、北京 121 示范线、北京奥运用电动大巴等电动车电池管理系统。经过大量的研究与发展，电池管理系统已经从监控系统逐渐向管理系统转变，在功能、可靠性、实用性、安全性等方面都有了提高。但是在检测精度的提高、整车通信的优化、数据处理及电池故障的实时分析、对故障进行定位等方面还有待提高和改善。在电池的均衡控制能力、电池的建模、SOC 和 SOH 的计算和评价、充放电算法等方面还需要进一步研究。

（一）特斯拉电动汽车电池管理系统

特斯拉电动汽车选用松下的 NCA 系列 18650 型镍钴铝酸锂电池串并能量包作为动力源。特斯拉坚持不使用大容量电池单元，是因为小容量的 18650 型锂电池工艺成熟，成本低，安全性好，一旦电池单元出现热失控，不容易影响周围的电池单元。但是将 8 000 节的小电池单体组成电池组，将会大幅增加电池单体之间的不一致性，导致单体温度、电荷、电压出现不平衡现象，引起个别电池过充、过放并产生静电反应，从而降低电池组寿命以及安全性。特斯拉电动汽车用锂离子蓄电池如图 3.8 所示。

图 3.8 特斯拉电动汽车锂离子蓄电池

特斯拉电动汽车对这些电池采用了分层管理的设计，每 69 个单体电池并联成一个电池模块，9 个电池模块又串联成一个电池方块，最后再串联成整块电池板。每个单体电池、电池模块和电池方块都有保险丝，每个层级都会有电流、电压和温度的监控，一旦电流过大立刻熔断。

（二）美国通用汽车公司的 EV1 电动汽车电池管理系统

EV1 电动汽车的电池管理系统包括电池模块、电池组控制模块 BMP 电池组热管理系统和电池组高压断点保护装置 4 个组成部分。其中，电池组控制模块有以下功能：电池单体电压监测，电流采样，电池组高压保护，6个热敏电阻对不同部位进行温度采样，控制充放电、电量或里程计算以及高压回路继电器。

（三）德国柏林大学研制的电池管理系统

德国柏林大学研制的电池管理系统包括显示模块、速度调节模块、温度调节模块、上位机诊断模块。除此之外，还有为每个电池模块配备的均衡模块。在总体方案中，采用 CAN 总线方式，微处理单元采用西门子公司的 Microcontroller 80C167CR。

该电池管理系统是目前国际上功能比较齐全、技术含量比较高的电动汽车用电池管理系统，其主要功能包括：防止电池过充、过放，电池模块加平衡器实现均衡充电，电池组热管理，基于模糊专家系统的剩余电量估计，用神经元网络辨识电池老化信息，电池故障诊断，并且能及时调整模糊专家系统的参数、数据记录和存储（为电池诊断和维护工作保存一定的历史数据）。

任务二　动力电池管理系统的基本功能

电池管理系统的功能可分为电池参数监测、SOC 和 SOH 估算、安全管理、热管理、均衡管理、通信管理、故障检测等。

随着电动汽车的发展，对先进电池的需求和对电池管理系统的要求也日益提高。电池管理技术越来越成熟，电池管理系统功能也不断改善。在《电动汽车用电池管理系统技术条件》（GB/T 38661—2020）国家标准中定义了不少 BMS 的功能需求，分为一般要求和技术要求。

一般要求包括电池数据采集、信息传递和安全管理三部分的内容（见图 3.9），具体包括检测电池与热和电相关的数据（电压、电流和温度等参数）、荷电状态（SOC）实时估算，对电池系统进行故障诊断，内含故障处理机制，通过总线与车辆其他控制器实现信息交互，通过与充电设备的通信实现对充电过程的控制和管理。技术要求包括绝缘电阻、绝缘耐压性能、电池系统状态监测、SOC 估算、电池故障诊断、安全保护，也定义了运行条件包括过电压运行、欠电压运行、高温运行、低温运行、耐高温性能、耐低温性能、耐盐雾性能、耐湿热性能、耐振动性能、耐电源极性反接性能和电磁辐射抗扰性等。

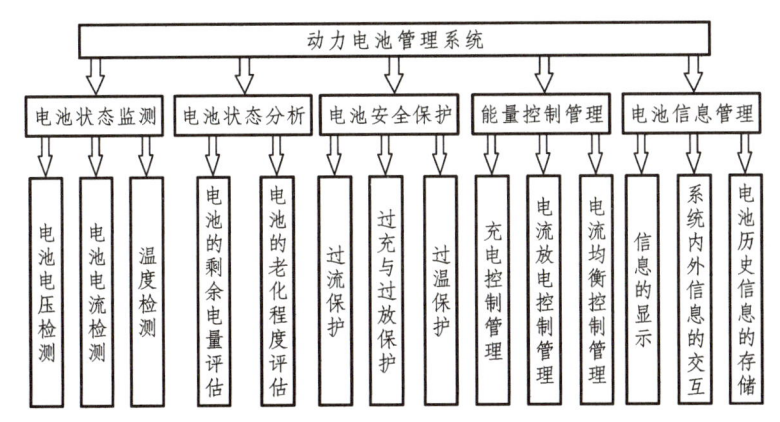

图 3.9　动力电池管理系统的基本功能　　　　电池管理系统的功能

一、电池状态监测

电池管理系统（BMS）中的电池管理单元（BMU）根据接收到的电压信号、电流信号、温度信号等信息，从而对动力电池包进行电压监测、电流监测、温度检测、内阻监测，除此之外还进行绝缘监测、互锁监测、接触器状态监测。

电池管理系统的所有算法都是以采集的动力电池数据作为输入，采样速率、精度和前置滤波特性是影响电池系统性能的重要指标。电动汽车电池管理系统的采样速率一般要求大于200 Hz（5 ms）。

（一）电压监测

动力电池内电压监测分为两种：一种是微观层面的单体电芯电压监测，另一种是宏观层面的电池模组电压监测。一般来说，动力电池内部电压信息的采集都是用采样线送给电池监控电路 CSC，电池监控电路再通过 C-CAN 将采集到的信息送给电池控制单元 BMU。

（二）电流监测

电池管理系统（BMS）具有电流监测功能，将监测到的电流状态，与车辆操作信号比较，判定动力电池工作状态是否正常。在充电过程中，电池管理系统（BMS）可以监测充电过程中充电机的输出电流，实现既定充电策略；在放电过程中，电池管理系统（BMS）可以监测负载放电电流，当电流异常时，及时做出控制，从而保护电池放电过程中的安全。BMS 对电流测量的精度要求很高，在动力电池系统中，动力电池的电流监测是通过电流传感器进行的，电流传感器检测点在高压主电路的正极继电器或负极继电器附近，通过检测主电路正极母线或负极母线上电流的大小，通过 S-CAN 送给电池控制单元（BMU）。

（三）温度监测

电池管理系统通过安装在电池模组顶部的温度传感器监测各电池模组的温度（见图3.10），并将监测到的温度信号通过信息采集器（CSC）传输给电池控制单元（BMU）。

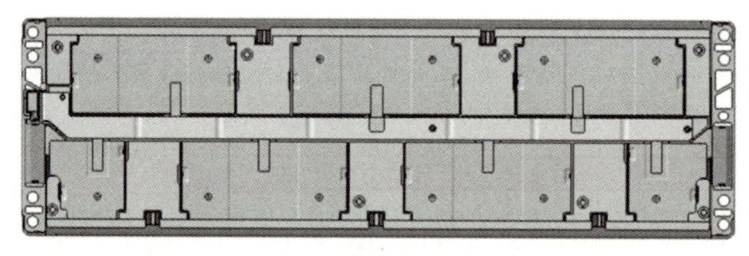

图 3.10　温度传感器位置（白色高亮）

（四）内阻监测

内阻是影响锂电池功率性能和放电效率的重要因素，随着锂离子电池存储时间的增加，电池不断老化，其内阻不断增大，内阻监测就显得尤为重要，内阻有多种检测方法。常用的内阻检测方法为直流内阻测量方法。

（五）绝缘监测

绝缘监测原理

电动汽车动力系统是一个独立的系统，对车辆壳体是完全绝缘的，但是不排除由于长时间车辆运行后高压线老化或受潮导致的绝缘性能降低而使得车身带电。并且车辆工况复杂，振动、温度和湿度的急剧变化，酸碱气体的腐蚀等都会引起绝缘层的损坏，使得绝缘性能下降。新能源汽车实时监测绝缘性能，能有效保证车辆驾乘人员人身安全，对车辆安全运行也具有重要意义。纯电动汽车绝缘监测是 BMS 通过监测高压正与高压负之间的分压变化来计算正极与车身和负极与车身的绝缘阻值。

（六）互锁监测

高压互锁监测是 BMS 的一个重要功能，其目的是用来确认整个高压系统的完整性，当高压系统回路断开或者完整性受到破坏的时候，就需要启动安全措施。车辆工作过程中 BMS 在检测到 HVIL 回路断开，判断车辆系统存在风险时，会根据当时的车辆情况，选择不同的必要安全措施，如故障报警、限功率运行、切断整车高压电等。

（七）接触器状态监测

动力电池内的高压继电器也称为接触器，一般有主正、主负、预充和充电继电器等。BMS 在动力电池工作过程中，监测高压继电器是否根据工况正常闭合或断开，并将监测信号送给 BMU，从而判定动力电池工作状态是否正常。

二、SOC 和 SOH 的估算

电池状态计算包括 SOC 和 SOH 两方面。SOC 用来提示动力电池组剩余电量，是计算和估计电动汽车续驶里程的基础。SOH 用来提示电池技术状态，预计可用寿命等健康状态的参数。

SOC 电池荷电状态能反映电池的剩余容量，电池荷电状态估算方法有很多，一般用剩余容量与动力电池实际容量的比值来估算。动力电池的使用工况较为恶劣，若使用不当容易降低动力电池的使用寿命，动力电池 SOC 应控制在合理范围（30%～70%）内。

SOH 电池健康状态可预估电池可用寿命的参数，是电池使用一段时间后，电池管理系统通过某些性能参数的实际值与标称值的百分比，如动力电池从充满状态以一定倍率放电到终止电压所放出的容量与其对应的标称容量的比值，该比值是电池健康状况的一种反映。电池管理系统可以通过这些数值判定电池的健康状况，预测电池的可用寿命。

（一）剩余电量评估

就像传统汽车驾驶员常常需要留意车上剩余的油量还有多少一样，对于一台电动汽车的驾驶员而言，需要知道整车的电量还剩余有百分之几，这就是电动汽车电池管理系统剩余电量评估模块所需要完成的功能。SOC 状态除了用百分比来反映以外，还常常被换算为等效时间或等效里程来表示，让驾驶员获得更为直观的信息，当然，这些都是估算值，有一定的误差。

（二）老化程度评估

另一个电池状态分析的重要功能就是对电池老化状态的评估，这一状态也常用一个百分比来反映。也就是说，如果一个电池在"新"（刚出厂）的时候的最大容量为 1，那么经过多次循环以后，电池所能装载的最大容量相对于"新"的时候的百分比，就反映了电池的老化状态。对于电动汽车的动力电池通常在经过 500 个周期的深充电、深放电（深充放）循环使用以后，SOH 仍可以达到 80%以上。许多电池厂家声称 2 000 次深充放以后，SOH 仍有 80%

以上，但这是对于充放电流恒定的单体电池而言的。当前电动汽车上所使用的成组的动力电池，在使用 500 次深充放循环以后就已有接近 20% 的衰减了。

应该指出，SOH 受动力电池使用过程中的工作温度、放电流的大小等因素的影响，需要在使用过程中不断进行评估和更新，以确保驾驶员获得更为准确的信息。

三、安全管理

新能源汽车在发展过程中，安全性是第一位的，没有安全，环保和经济性都是没有意义的。其中，BMS 主要负责电池的保护、监测、信息传输，其中保护是根据监测来判断，监测电池的外部特性如电压、电流、温度等信息。SOC 是依据这些监测的外部特性信息计算出来的传输信息。SOC 告知车主当前电量的同时，也让汽车了解自身电量，防止过充过放，提高均衡一致性，提高输出功率减少额外冗余。系统底层内部都是经过复杂的算法计算，保证汽车安全持续稳定运行，提高安全性。

安全管理功能演示

（一）电池安全

电池安全保护无疑是电动汽车管理系统首要的和最重要的功能。电池安全保护的具体功能包括监测电池的电压、电流、温度等是否超过限值，防止电池过度放电，尤其是防止个别电池单体过度放电，防止电池过热而发生热失控，防止电池出现能量回馈时的过充电；在电源系统出现绝缘度下降时，对整车多能源控制系统进行报警或强行切断电源以及电源系统出现短路情况下的保护等。电池安全主要包含过充电保护、过放电保护、过流保护、温度保护。

过充电保护：电池过充将破坏正极结构而影响性能和寿命，过充电还会使电解液分解，内部压力过高而导致漏液、变形、起火等问题，过充电保护就是当电池包中的某个单元电池的电压高于设定的过充保护电压值，且该状态的保持时间超过预设延时，保护功能动作，切断充电电路，停止对电池包的充电，并锁定为过充电状态。

过放电保护：电池过放会导致大量活性物质容量不可逆而大量衰减，并可能导致漏液、零电压以及负电压，这也是损害电池性能的主要原因之一。过放电保护就是当电池包中的某个单元电池的电压低于设定的过放保护电压值，且该状态的保持时间超过预设延时，保护功能动作，切断放电电路，停止对电池包的放电，并锁定为过放电状态。

过流保护：分为充电过流保护和放电过流保护。当电池包的充电电流或放电电流超过预设值，且该状态的保持时间超过预设延时，保护功能启动，切断充电电路或放电电路，停止对电池包的充电或放电，并锁定为过流状态。过流保护在一定时间后自动释放。

温度保护：系统可进行多点温度采样，包括电池体温度、环境温度、功率器件温度等，根据不同的采样位置，预设相应的保护值。当检测到的温度超过设定的高温保护值，且该状态的保持时间超过预设延时，保护功能动作，切断充电电路和放电电路，禁止对电池包进行充电和放电，并锁定为短路状态。当检测到的温度恢复至设定的高温释放温度以下，且保持时间超过预设延时，高温保护释放。

（二）高压安全

新能源汽车的电压和电流等级都比较高，远远超过了人体所能承受的范围，如果没有很好的安全设计，隐患巨大。只要存在高压安全风险，无论付出多大的代价，都必须解决，这是不可逾越的红线。在新能源汽车行业，国家首个强制性标准就是《电动汽车安全要求》（GB 18384—2020）。这足以说明高压安全对于新能源汽车的重要性。

绝缘监测：新能源汽车高压部件有任何绝缘问题都可以通过漏电传感器和绝缘监测电路进行监测，一旦出现绝缘问题，整车控制器就会发送接触器断开指令，控制高压系统下电，保护人员安全。

短路保护：当高压系统出现短路故障时，短路保护器就会熔断，使高压系统断路，从而保护人员安全。

高压互锁：新能源汽车高压上电过程中，高压互锁回路实时监测汽车高压线路中的高压线束接插器的连接情况，若高压线路中任一高压线束接插器脱开或连接松动，高压互锁回路就会断路，从而导致不能正常上电。

主动泄放和被动泄放：主动泄放指的是驱动电机控制器中含有主动泄放回路，当高压系统发生严重故障时，电机控制器可在 5 s 内，将高压回路中直流母线电压主动泄放到 60 V 以下，迅速释放危险电能，最大限度地保证人员安全。高压部件同时设计有被动泄放回路，被动泄放作为主动泄放失效的二重保护，可在 120 s 内将高压回路中直流母线电压放到 60 V 以下。

碰撞保护：新能源汽车高压系统实时监控碰撞信号，当车辆发生碰撞事故时，整车控制器收到控制信号，控制 BMS 切断动力电路，从而使驾乘人员的生命安全不受外泄高压电的伤害。

四、均衡管理

由于电池制作工艺、使用方式等差异，使得电池性能不可能完全一致，而使用中充放电的不同又加剧了电池的不一致性，这就需要对电池进行有效的均衡，从而有效地改善电池包的使用性能、延长电池包的使用寿命。

电池均衡管理主要分为能量耗散型均衡和非能量耗散型均衡，现又分别称之为被动均衡和主动均衡，如图 3.11 所示。

被动均衡：一般采用电阻放热（电容载体）的方式将高容量电池"多出的电量"进行释放，从而达到均衡的目的，电路简单可靠，成本较低，但是电池效率也较低。

主动均衡：充电时将多余电量转移至高容量电芯，放电时将多余电量转移至低容量电芯，可提高使用效率，但是成本更高，电路复杂，可靠性低。

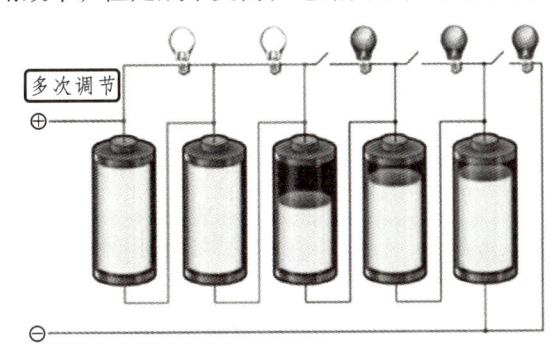

（a）被动均衡

均衡管理方法

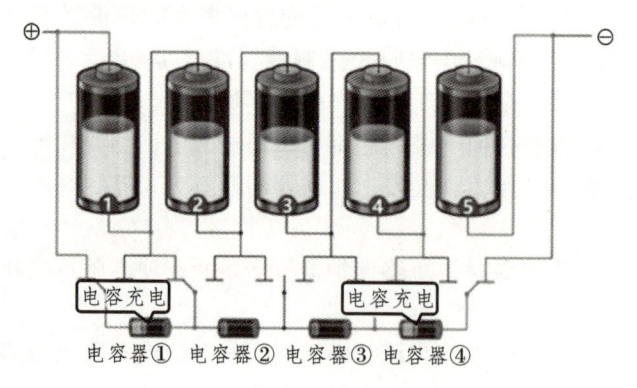

（b）主动均衡

图 3.11 被动均衡和主动均衡

均衡管理功能演示

五、通信管理

通过电池管理系统实现电池参数和信息与车载设备或非车载设备的通信，为充放电控制、整车控制提供数据依据是电池管理系统的重要功能之一。根据应用需要，数据交换可采用不同的通信接口，如 CAN 总线或 C 串行接口。人机接口根据设计的需要设置显示信息以及控制按键、旋钮等。

六、热管理

动力电池热管理（Battery Thermal Management System，BTMS）是汽车动力电池系统的重要组成部分，它不仅对电池性能、寿命、安全等有重要影响，而且是电动汽车整车热管理的重要组成部分，与整车热管理有着密不可分的关系。对大功率放电和高温条件下使用的电池组，电池的热管理尤为必要。热管理的功能是在电池温度较高时进行有效散热，防止产生热失控事故；在电池温度较低时进行预热提升电池温度，确保低温下的充电、放电性能和安全性；减小电池组内的温度差异，抑制局部热区的形成，防止高温位置处电池过快衰减，降低电池组整体寿命。

热管理功能

简单地说，热管理系统具有冷却管理功能和加热管理功能，在动力电池工作温度超高时进行冷却，低于适宜工作温度下限时进行动力电池加热，使动力电池处于适宜的工作温度范围内，并在动力电池工作过程中总保持动力电池单体间温度均衡。

七、故障检测

电池管理系统具备自检功能，系统每次运行首先完成初始化检测，如发现问题则自动做出相应的处理，并通过液晶显示屏或总线接口上报告警。电池包在工作过程中，管理系统定时巡检，及时发现可能出现的问题，自动做出相应安全处理，并告警显示。

故障诊断功能演示

针对电池的不同表现情况，区分为不同的故障等级，并且在不同故障等级情况下 BMS 和 VCU 都会采取不同的处理措施，警告、限功率或直接切断高压。故障包括数据采集及合理性故障、电气故障（传感器和执行器）、通信故障及电池状态故障等。

任务三　动力电池管理系统的拓扑结构

在电池管理系统中，硬件电路通常被分为两个功能模块，即电池监测回路（Battery Monitoring Circuit，BMC）和电池组控制单元（Battery Control Unit，BCU）。研究电池管理系统的拓扑结构，需要分两个层面来进行：BMC 与各个单元电池之间的拓扑关系，BCU 与 BMC 之间的拓扑关系。

一、BMC 与单元电池的关系

BMC 与各个单元电池之间的拓扑关系可以分为一个 BMC 对应一个单元电池和一个 BMC 对应多个单元电池两种。

（一）一个 BMC 对应一个单元电池

一个 BMC 对应一个单元电池，其每个单元电池配置一块单独的监控电路板对电池的电压、温度、电流等物理量进行监测。在实际工作中，可以为每一个单元电池配置一块单独的监控电路板，如图 3.12 所示。

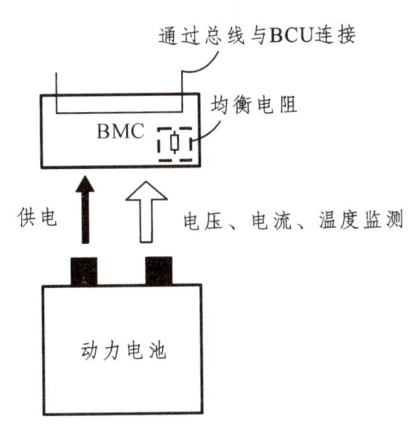

图 3.12　一个 BMC 对应一个单元电池

根据需要，可以在 BMC 中加入通信及均衡控制功能，以便向 BCU 报告有关信息，并通过旁路（均衡）电阻的方式对所管辖的单元电池实施能量耗散型的均衡管理。

有时候，可以把这种 BMC 电路板封装到动力电池单元内部构成"智能电池"，即单元电池本身具备一定的自治功能。这种"一对一"的拓扑结构的好处在于，BMC 与单元电池的距离较短，在一定程度上能减少采集线路的长度及复杂度，采集精度高，抗干扰性好。然而，其缺点为电路板的相对成本较高；同时，由于电池管理系统的工作电源往往由被监控的动力电池提供，因此，可能使得整个电池管理系统的能耗相对更大。

（二）一个 BMC 对应多个单元电池

与"一对一"方式相对，另一种电池检测的拓扑结构为一个 BMC 管理多个动力电池，如

图 3.13 所示。

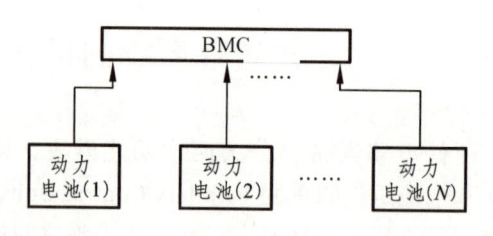

图 3.13　一个 BMC 对应多个单元电池

一块 BMC 电路板负责对多个单元电池的信息进行检测。这种结构与"一对一"方式相比，由于电路板由多个动力电池所共享，因此平均成本较低。

但是，由于采集线路较长，可能导致连线的复杂度较高，抗干扰性相对较差。同时，较长的采集线路有可能降低了电压采集的精度，并且线材的成本会导致这种结构的实际成本增加。

二、BCU 与 BMC 的关系

根据分类，可以将 BCU 和 BMC 之间的关系分为 BCU 和 BMC 共板、星型、和总线型三种。

（一）BCU 和 BMC 共板

BCU 与 BMC 在某些电动汽车应用案例中，由于动力电池个数较少，电池管理系统的规模相对较小，BCU 和 BMC 可以设计在同一块电路板上，对车上的所有动力电池进行统一管理。

在某种特殊的情况下，BCU 和 BMC 的功能甚至可以合并到同一块集成电路芯片中完成。采用这种拓扑结构的电池管理系统相对成本较低，但不适用于电池数量较多、规模较大的电动汽车应用场合。

（二）星　型

星型拓补的 BCU 位于中央位置，通常带有一个总线集中模块，通过总线与 BMC 连接，使多个 BMC 能共享通信信道，如图 3.14 所示。

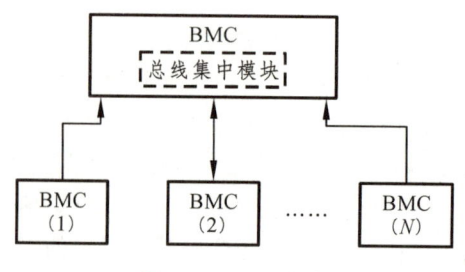

图 3.14　星型连接

星型的优点是便于进行介质访问控制，缺点是通信线路较长，难维护，可扩展性差，受总线集中模块端口的限制，不能随意增加多个 BMC 单元。

（三）总线型

每块 BMC 都是通信总线的一部分，用于通信信道的线材开销相对较小，连接方式更为灵活，可扩展性强，但存在通信线路的相互依赖性较高的问题，总线型连接方式如图 3.15 所示。

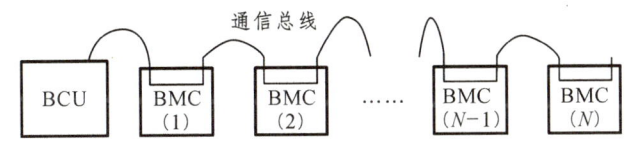

图 3.15　总线型方式连接

若电动汽车电池组内需要增加电池及相应的 BMC 的数量，只需要增加一小段通信线材即可；反之，若某一个 BMC 需要退出整个系统，则只需要把相邻的通信线路稍作延长即可。

总线型的连接方式最突出的缺点就是通信线路的相互依赖性，即第 N 块电路板要与 BCU 通信，需要利用前面 $N-1$ 块板子，若其中某一块电路板出故障，则后续的 BMC 与 BCU 之间的通信则会立即受到影响。

值得一提的是，无论采用星型或者是总线型的物理连接方式，都指的是其拓扑形式，而从通信网络的角度看，两种方式都存在"介质访问竞争"，BCU 与 BMC 之间常用总线通信协议进行信息交互，需要进行隔离设计。

任务四　通用的电池管理系统与定制的电池管理系统

从用户的角度而言，较为理想的一种情况是能像购买一个充电机一样，购买到一个"通用"的电池管理系统。然而，电池管理系统的情况通常要复杂得多，如它需要考虑电池的特性、使用环境、工作条件等。

一、理想的情况

在电池通用性讨论中，最理想的情况如下：

（1）所开发的电池管理系统能适应不同的汽车动力系统，能在各类的混合动力电动汽车、纯电动汽车甚至汽车以外的能源系统上使用。

（2）所开发的电动汽车电池管理系统能适应不同种类的电池，在更换了电池以后，所开发的电池管理系统能很快自动适应新电池。

但是，理想状态通常是难以实现的，主要有以下几个原因：

（1）动力电池组可能面临不同的使用环境和工作条件。例如，就均衡管理而言，即使采用相同的均衡策略，但在不同的环境条件也需要有不同的考虑。大功率的均衡电路均衡速度快、均衡效果好，但是会带来较大的体积、较大的发热量、较高的生产成本，如果不进行定制开发，可能造成资源浪费，甚至会由于均衡时发热量过大而导致电池管理系统无法正常工作。因此，要根据不同的环境、条件确定均衡电路的硬件，从而确定电池管理系统的最终设计方案。

（2）不同种类的电池具有不同的工作特性。例如，铅酸电池、镍氢电池、锂离子电池等，它们在电池充放电保护的门限电压、均衡措施的实现方式等方面具有较大的差异性。

（3）尽管电池种类相同，但是，不同厂家的电池产品或者同一厂家不同批次的电池产品存在一定的差异性。这就造成了电池剩余电量评估算法、均衡管理策略的不一致。

二、可行的解决办法

为了真实设计出一款具有良好通用性、满足理想情况运行的电动汽车电池管理系统，通常通过设计通用的简单保护板和为特定电池定制较为复杂的解决方案两种方法来解决。

（一）设计通用的简单保护板

由于二次动力电池往往在过充电、过放电或者过大电流使用的条件下会导致安全事故，因此，可以为动力电池加上具有基本保护功能的电路板。这样的电路板上，为充电、放电设定了电压的上下限值，通过电压比较，一旦发现电池的工作电压超过或者低于门限值，则切断电流回路。

同理，可以为工作电流、工作温度设定相应的门限值，在超过门限值的情况下切断电池的供电回路，从而保证电池组的安全。在这种电路板的保护下，可以对动力电池安全地进行充电和放电操作。

但是，由于缺少了对电压、电流等信息的监测，用户无法知道动力电池此时的状态，也无法评估电池组剩余电量以及剩余里程的多少。就好比普通家用的手电筒，电池用到没有电的时候会自然熄灭，但某个随机时刻很难预知剩余电量的多少以及还能使用多长时间。

（二）为特定电池定制较为复杂的解决方案

由于磷酸铁锂动力电池的电动势特性曲线平缓，再加上电动汽车的工作状况复杂，因此需要针对不同型号的电池和不同的应用场合对电池管理系统进行量身定制。此处所讨论的电池管理系统的设计，正是根据动力电池特性以及应用需求进行电池管理系统功能定制的思路。

将设计方案分为三个步骤进行：

（1）根据厂家提供的数据以及前期对电池样本评测的记录，掌握相关型号的动力电池的工作特性。

（2）确定电动汽车动力电池管理系统的基本设计方案，包括选择一种合适的拓扑结构形式、确定电池的安全保护策略、建立动力电池模型并设计剩余量评估算法、确定均衡管理策略和能量控制策略四种。

（3）根据以上方案设计相应的软硬件系统并进行可靠性验证。

根据以上步骤所开发的动力电池管理系统是针对电池、应用场合量身定制的，精度高。但在进行基本方案设计之前，需要对动力电池的性能进行充分测试与评测，前期工作量较大。

三、关于通用性的讨论

电池管理系统应该交给谁去开发？究竟是由汽车生产企业负责，还是由动力电池生产企业负责，还是应该交给第三方去开发？这几个问题是近年来电动汽车行业讨论的热点。

一般认为，电池管理系统如果由电池生产企业开发，则电池管理系统具有通用性，即不同的汽车都可以使用这样的电池管理系统，但未必能根据汽车的使用工况进行优化。

电池管理系统如果由汽车生产企业负责开发，电池管理系统失去了通用性，即所开发的电池管理系统只适用于该企业的车型，同时汽车企业需要花费大量时间去了解、掌握动力电池的特性，生产成本随之上升。

如果电池管理系统交由第三方开发，则所得到的结果可能介于以上两者之间。

总体来说，无论交给谁去开发，都应该考虑电池的使用环境和工作条件，同时也得考虑电池的工作特性。

就前面内容，可能得到一个初步的结论：简单的保护电路具有一定的通用性，但是功能有限；定制的电池管理系统能够有较为完善的功能，但工作量较大，需要较多的人为干预。作为电池管理系统的研发工程师，可以从以下几方面进行努力。

（一）优化硬件设计

硬件保护电路（接触器、电流切断器等），均衡电路，电池组加热、散热设施等属于电动汽车动力电池组必须要考虑的硬件设施，需要根据汽车的特点进行优化配置，要综合体积、质量、成本等多方面的因素来考虑。

（二）软件系统的自适应性

一方面，软件系统能根据不同厂家或者同一厂家不同批次的电池，进行自适应调整，能在汽车的正常使用过程中自适应地获得特性参数，减少开发过程中因为大量电池特性测试所需要的工作量。另一方面，具备较为智能化的算法，能对 SOC、SOH 等进行较为精确的评估。

（三）低耗设计

电池管理系统的工作本身需要消耗能量，而某一台电动汽车的闲置时间往往又是难以预测的，因此电动汽车电池管理系统必须进行低功耗设计。低功耗的设计需要从软件和硬件两个方面来努力。

任务五　电池管理系统的发展历程和现状

一、电池管理系统的发展历程

能源危机和环境污染是当今世界各国面临的两大难题。电动汽车具有节能、环保的优点是未来汽车发展的趋势。众所周知，车载动力电池不仅是电动汽车规模发展的技术瓶颈，而且是电动汽车价格居高不下的关键因素，其成本占整车成本的30%~50%。因此 BMS 的性能对电动汽车使用成本、节能和安全性至关重要。

目前，为了满足电动汽车的实际运行需求，BMS 在功能性、可靠性、稳定性和实用性等方面都有了很大的改进。在检测方面，提高了电压、温度及电流的测量精度，基本满足车辆运行和电池使用的要求。在数据通信方面，配备了齐全的通信接口，可以将电池的信息发送给整车控制器、显示界面以及充电机等。在可靠性方面，结合现代大规模集成电路技术，提高系统运行的抗干扰能力。在数据库管理方面，由于电池和电动汽车都处于试验阶段，故 BMS 多配备了电池运行和充电数据的数据库管理系统，以便对电池性能进行评价，对车用电池的优化设计提供数据支持。

随着电池类型从铅蓄电池过渡到锂离子电池，数量从单只过渡到串联成组，电池的管理技术也从无管理、简单管理过渡到全面管理阶段，如图 3.16 所示。

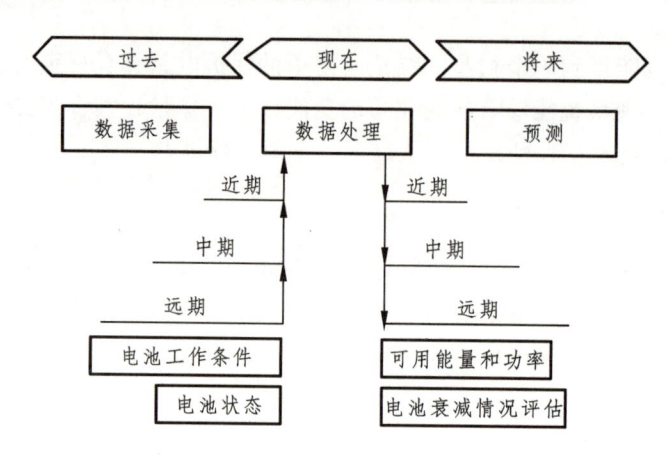

图 3.16 动力电池管理系统的发展

（一）无管理阶段

长期以来，实际使用的蓄电池以铅蓄电池为主，由于其工艺成熟、应用环境适应能力较强以及价格低廉，电池管理技术因没有受到重视而发展缓慢，电池处于无管理状态。在单只电池应用场合，基于外电压实现电池荷电状态估计和充放电管理，电池串联成组后，也只是在单只电池管理技术的基础上进行简单拓展，基于端电压实现电池组荷电状态的估算和充放电管理。

在使用中发现，串联电池组寿命明显少于单只电池。对报废电池进行测试，发现基于端电压的管理模式忽视了电池之间的差异性，致使部分电池经常出现过充电和过放电，这是电动汽车电池组寿命缩短的主要原因。于是人们通过定期（如每月一次）检查电池之间的差异性，并分别对电压低的电池实施充电维护，来降低电池出现过充电和过放电的概率。通过周期性（如每半年一次）对所有电池进行全充电全放电，实现充满电、容量测定和好坏判断，从而防止电池长时间工作在故障状态，以提高电池组的寿命。这就是电池管理技术的雏形，其主要功能在于电池故障判断、荷电状态和容量估算、一致性评价和均衡以及充放电控制。

（二）简单管理阶段

随着电池使用范围的推广和高效利用能源需求的日益增加，传统处理办法不能在线检测、自动化程度低、定期维护费时费力以及能量损耗严重等问题开始显现，用于电池状态监控和管理的装置——电池管理系统逐渐被人们接受。此时，BMS 的主要功能是电压、温度、电流等外部参数的在线监控；电池故障状态分析和报警；当电池温度过高时，启动冷却风机实施热管理；采用安时积分实现荷电状态估算。这有效地减少了手动检测的工作量，提高了电池使用的自动化水平和使用安全性，但是存在以下问题。

（1）BMS 只是利用自动化检测手段替代了传统手工操作，只能发现问题并进行报警，并不能解决电动汽车电池组的一致性问题，也没有为电池的维护提供数据指导，所以电池维护的工作量和烦琐程度并没有减少。

（2）BMS 的设计人员多为电气工程师，研究重点在于采用合理检测方法，提高检测精度、抗干扰能力和可靠性，而对电池的电化学本质并不了解，将电池看作是"黑匣子"，基于外部特性对其状态和使用方法进行分析。当电池串联成组使用时，也简单地将其看作是"大电池"，将单只电池的使用技术进行简单的拓展，基于电池组的端电压进行状态估计和充放电控制。

这样简单的处理办法并不能有效地保证电池荷电状态估算的准确性，成组电池的寿命明显小于单只电池等问题依旧严峻。BMS 的管理和控制功能并没有得到体现和发挥，仅仅完成了电池外特性自动检测功能和故障报警，所以其只是监测系统，并没有真正实现电池的优化使用和高效管理。

（三）全面管理阶段

锂离子电池自问世以来，以其优越的性能在便携式设备上得到了广泛的应用，但其应用环境适应能力较差。当采用上述模式和方法对锂离子电池，特别是串联电池组进行管理和控制时，接连的安全事故使得人们深刻意识到基于电池（组）外特性的状态估算方法和充放电控制方法并不能解决它在使用过程中的安全性和寿命问题。

电池管理技术的重要性受到越来越多的重视，人们在电动汽车电池建模、荷电状态估算、一致性评价和均衡等方面进行了广泛研究，电池管理技术得到了快速发展，其功能逐渐明确。

（1）实时监测电池状态。通过检测电池外特性参数（如各单只电池的外电压、电流、温度等），采用适当算法，实现其内部参数和状态（如直流内阻、极化电压、可用容量和荷电状态等）的估算和监控。

（2）高效利用电池能量，为电池使用、维护和均衡提供理论依据和数据支持。

（3）防止电池过充电和过放电，保障使用过程的安全性，延长电池寿命。

二、动力电池系统的研究现状

BMS 作为电动汽车最关键的零部件之一，近年来已经有了很大提高，但在采集数据的可靠性、SOC 的估计精度、均衡技术和安全管理等方面都有待进一步改进和提高。

（一）国外进展

国外较典型的功能和特点包括：单电池的电压监测、分流采集电池组的电流、过放电报警系统、高压断电保护、电量里程预算等。

Smart Guard 系统的主要特征是采用分布式的方式采集电池的温度和电压，主要功能包括：自动过充电监控、记录电池历史数据、提供最差单体电池的信息等。

Bat Opt 系统是一个分布式系统，包括中心控制单元（MCU）和监控模块。监控模块通过 Two-wire 总线向 MCU 传输每个电池工作信息，MCU 在收集信息后对电池进行优化控制。

BADICOaCH 系统的主要特点：使用一非线性电路来测量每个电池单元的电压，并通过一条信号线将各个单体电池电压传输给系统，显示最差单体电池的 SOC，存储历史充放电周期的数据，并且通过这些数据判断电池的工作状况，快速检索电池错误使用情况等。

BATTNIAN BMS 强调不同型号动力电池组管理的通用性，其最大特点是通过改变硬件的跳线和在软件上增加选择参数的方法，来管理不同型号的电池组。

在国外的研究工作上，针对三种工作，进行了相应的研究：

1. 动力电池 SOC 的测量

国外关于电池荷电状态（SOC）的研究大多是通过测量电池的电流、电压等外界参数找出 SOC 与这些参数的关系，以间接地测出电池的 SOC 值。目前，常用的方法有开路电压法、容量累计法、电池内阻法等。

2. 动力电池的动态监控

电池运行状态的好坏关系到整个电动汽车的运行性能，故 BMS 的另一个功能是对动力电池进行动态监控。但是由于运行电池的性能不能直接观测，还是要通过电池的电压、电流、温度等参数判断其运行状态是否正常。因此常用的方法是设计电池模糊诊断系统，通过模糊判断确定电池的运行状态，找出失效的单元电池。但是模糊系统判断过程缓慢，且需要大量实验数据组成专家系统。

3. 动力电池的热平衡管理

温度对锂离子电池各方面的性能都有影响，包括电化学系统的工作状况、循环效率、容量、效率、安全性、可靠性、一致性和寿命等，进而会影响到电动汽车的性能、可靠性、安全性和寿命等。

（二）国内进展

在我国，科技部"863"电动汽车专项已经投入大量的经费用于电动汽车关键技术的研发，包括整车和燃料电池发动机、电机、电池及管理系统等关键零部件的技术集成和创新，并取得了阶段性进展。在"十五"期间，在科技部的支持下，国内的高校和研究机构对动力电池的管理系统进行了一些研究，掌握了一些动力电池管理系统的开发经验，但是由于大部分的工作都以科研为目的，很难形成产业化，对动力电池的性能研究不够，不能很好地对动力电池进行控制，无法实现产业化，没有往产业化的方向取得更多的进步。

我国目前已设立电动汽车重大研究项目，积极推进 BMS 研究、开发和工程化应用，取得了一系列的成果和突破，与国外水平较为接近。目前，主要是一些高校依托自己的科技优势，联合一些大的汽车生产商和电池供应商共同进行了如下研究：

（1）电池动态参数采集的稳定性和精度的提高。

（2）车载电池 SOC 的估测。

（3）电池模型的研究。

（4）电池组均衡控制的研究。

（5）BMS 与充电机进行 CAN 通信，实现协调控制和优化充电。

（6）载电池组箱体空间和机械结构设计及合理的散热控制。

（7）电池故障分析与在线报警、BMS 自检及处理。

与国际水平相比，我国汽车工业在汽车电子控制技术方面的差距尤为显著，主要表现在缺乏自主知识产权的关键核心技术和产品。动力电池管理系统作为混合动力、纯电动和燃料电池等各类电动汽车的共性关键技术之一，担负着对动力电池的性能状态实时估计、故障诊断、安全保护和自动均衡甚至整车强电安全控制等重要功能，连同动力电池单元，被全球公认为是电动汽车产业化发展的瓶颈之一，谁拥有这些技术和产品，谁就能领跑电动汽车产业。

三、电池管理系统存在的问题

目前，大力发展的新能源汽车主要分为三类：混合动力汽车、燃料电池汽车和纯电动汽车。这三种类型的电动汽车以其自身不同的构造和工作原理，形成各自不同的特点，同时也处于不同的发展阶段。纯电动汽车以车载动力蓄电池组（如锂离子电池、铅酸电池、镍氢电池和镍镉电池等）作为其能量来源，并搭载大功率电机以驱动汽车行驶，因此，与传统内燃机汽车不同之处是其独有的电力驱动及控制系统。纯电动汽车和混合动力电动车相比，噪声低、无污染、零排放，底盘结构更简单；和燃料电池汽车相比，各方面技术相对更成熟，具有更高的可靠性和安全性。因此，纯电动汽车目前已经受到世界各国政府和车企的高度重视，不少企业已经实现了批量生产。

在纯电动汽车中，动力电池组作为部件之一，在整车制造成本中占有极高的比重，其性能的优劣也直接影响着整车的驾驶性能与安全。早期的纯电动汽车所使用的动力电池大多为铅酸蓄电池，这种电池由于能量密度小，续航里程短，使用寿命也比较短，所以逐渐被优势突出的锂离子电池等产品取代。锂离子电池凭借其充放电效率高、能量密度大和续航能力强等优点，已被电动汽车厂商广泛使用。

尽管锂电池比其他种类的电池有更多的优点，但同样会受到电芯材料和制作工艺等因素的限制，导致单节锂电池之间往往存在内阻、容量、电压等差异，所以在实际应用中，电池组内部各单体电池容易出现散热不均或过度充放电等现象。时间一长，这些处于不良工作状态下的电池就很可能提前损坏，电池组的整体寿命也就大大缩短。不仅如此，电池处于严重过充电状态下还存在爆炸的危险，造成电池组损坏的同时还对使用者的人身安全造成威胁。因此，必须为电动汽车上的动力电池组配备一套具有针对性的电池管理系统，从而对电池组进行有效的监控、保护、能量均衡和故障警报，进而提高整个动力电池组的工作效率和使用寿命。

电池管理系统作为纯电动汽车动力电池组的监控管理中心，必须对电池组的温度、电压和充放电电流等相关参数进行实时动态的监测，必要时能主动采取紧急措施保护各单体电池，防止电池组出现过充、过放、温度过高以及短路等危险。此外，该系统还必须在电池组的整个使用周期内对电池的 SOC 进行准确估算，并以合适的方式将剩余电量、续驶里程和故障异常等关键信息及时反馈给驾驶员，同时以一种合适的方式完成系统与整车 ECU 或上位机之间的数据交换功能。

但是，这些都是 BMS 在设计和理想情况下才能实现的功能和表现出来的性能，就目前从各类与动力电池相关的电动汽车事故或实际应用到汽车上的相关 BMS 产品的整体性能表现可知，目前被广泛应用的电池管理系统功能还不够完善，技术不够成熟，使用范围局限，通用性不强。具体可总结为以下 5 个方面：

（1）电池管理系统在长期使用情况下对动力电池组相关参数的采集精度不够高。

（2）电池管理系统还不能完全实现动力电池组在整个生命周期内的 SOC 值估算。

（3）关于电池组内部各单体电池间的能量均衡的控制效果还需进一步提升。

（4）电池管理系统对自身和电池组的故障自诊断和自维护功能还不够完善。

（5）目前出现的电池管理系统产品一般都具有针对性，使用范围局限，移植性和通用性还不够强。

项目四 动力电池状态的实时监测

任务一 动力电池性能检测方法

一、SOC 状态检测

电池的荷电状态（SOC）被用来反映电池的剩余容量状况，这是目前国内外比较统一的认识，其数值上定义为电池剩余容量占电池容量的比值。

SOC 是动力电池重要的技术参数，只有准确知道电池的荷电状态，才能更好地使用电池。因为电池组的 SOC 和很多因素相关且具有很强的非线性，从而给 SOC 实时在线估算带来很大的困难，还没有一种方法能十分准确地测量。目前，主要的测量方法有以下几种：开路电压法、安时积分法、内阻法。

（1）开路电压法。利用电池的开路电压与电池的 SOC 的对应关系，通过测量电池的开路电压来估计 SOC。开路电压法比较简单，但是，开路电压法适用于测试稳定状态下的电池 SOC，不能用于动态的电池 SOC 估算。

（2）安时积分法。安时积分法是通过负载电流的积分估算 SOC，该方法实时测量充入电池和从电池放出的电量，从而能够给出电池任意时刻的剩余电量，如图 4.1 所示。这种方法实现起来较简单，受电池本身情况的限制小，易于发挥实时监测的优点，简单易用、算法稳定，成为目前电动汽车上使用最多的 SOC 估算方法。

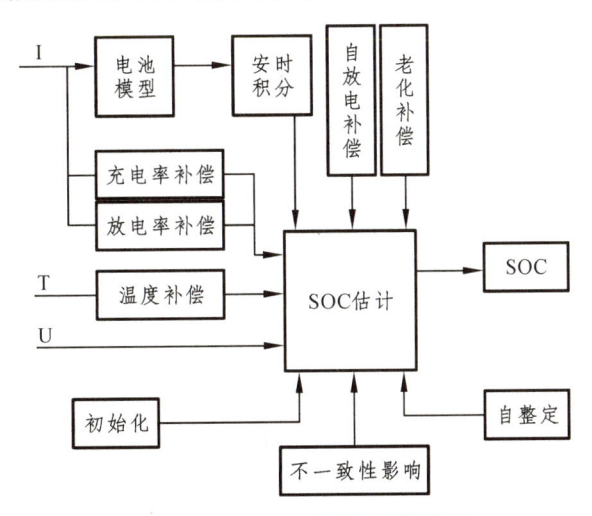

图 4.1 安时积分法常规估算模型

（3）内阻法。电池的 SOC 与电池的内阻有一定的联系，可以利用电池内阻与 SOC 的关系来预测电池的荷电状态。

二、内阻检测

内阻是电池最为重要的特性参数之一，绝大部分老化的电池都是因为内阻过大而造成无法继续使用。通常电池的内阻阻值很小，一般用毫欧表度量。不同电池的内阻不同，型号相同的电池由于各电池内部的电化学性能不一致内阻也不同。对于电动汽车动力电池而言，电池的放电倍率很大，在设计和使用过程中要尽量减小电池的内阻，确保电池能够发挥其最大功率特性。

锂离子电池的内阻不是固定不变的常数，在使用过程中主要受荷电状态和温度等因素影响。内阻测量是一个比较复杂的过程，目前主要有两种方法，即直流放电法和交流阻抗法

（1）直流放电法。直流放电法是对蓄电池进行瞬间大电流放电（一般为几十到上百安培），然后测量电池两端的瞬间压降，再通过欧姆定律计算出电池内阻。该方法比较符合电池工作的实际工况，易于实现，在实践中得到了广泛的应用。但该方法的缺点是必须在静态或脱机的情况下进行，无法实现在线测量。

（2）交流阻抗法。交流阻抗法是一种以小幅值的正弦波电流或电压信号作为激励源注入蓄电池，通过测定其响应信号来推算电池内阻。该方法的优点在于用交流法测量时间较短，不会因大电流放电对电池本身造成太大的损害。然而，这种方法目前在实现上较为困难，仍有值得改进之处。

三、容量检测

电池容量是指在一定条件下（包括放电率、环境温度、终止电压等），供给电池或者电池放出的电量，即电池存储电量的大小，是电池另一个重要的性能指标。容量通常以安培·小时（A·h）或者瓦特·小时（W·h）表示。安时容量是国内外标准中通用容量表示方法，延续电动汽车电池中概念，表示一定电流下电池的放电能力，常用于电动汽车动力电池。

电池容量测试的标准流程为：放电阶段、搁置阶段、充电阶段、搁置阶段、放电阶段。具体为：用专用的电池充放电设备，在特定温度条件下，蓄电池以设定好的电流进行放电，至蓄电池电压达到技术规范或产品说明书中规定的放电终止电压时停止放电，静置一段时间然后再进行充电。

充电一般分为两个阶段，先以固定电流恒流充电至蓄电池电压达到技术规范或产品说明书中规定的充电终止电压时转为恒压充电，此时充电电流逐渐减小，至充电电流降至某一值时停止充电，充电后静置一段时间。在设定好的环境下以固定的电流进行放电，直到放电终止电压为止，用电流值对放电时间进行积分计算出容量（以 A·h 计）。

四、寿命检测

电池在使用过程中的容量会逐渐损失，导致锂离子电池容量损失原因很多，有材料方面的原因，也有生产工艺方面的因素。一般认为，当蓄电池只能充满原有电容量 80% 的时候，就不再适合继续在电动汽车上使用，可以进行梯次利用、回收、拆解和再生。

电池的寿命有循环寿命和日历寿命之分，其中应用最多的是循环寿命。常规的循环寿命测试方法是容量测试充放电过程的循环。典型的方法是将蓄电池充满电，蓄电池在特定温度和电流下放电，直到放电容量达到某一预先设定的数值。如此连续重复若干次。再将电池充满电，将电池放电到放电截止电压检查其容量。如果蓄电池容量小于额定容量的80%终止试验，充放电循环在规定条件下重复的次数为循环寿命数。

这种静态测试方法可以检测出同批次或不同批次动力电池的性能，但是却无法反映动力电池应用于电动汽车时的性能表现及使用时间。随着不同种类电动汽车动力系统构型、车辆行驶工况和所处气候条件的差异，导致在实际使用过程中，动力电池的工作环境有显著差别。

五、一致性检测

电池容量分为单元电池的容量和电池组的容量，在现有的动力电池技术水平下电动汽车必须使用多块电池构成的电池组来满足使用要求。由于同一类型、同一规格、同一型号电池间在开路电压、内阻、容量等方面的参数值存在差别，即电池性能存在不一致性，使动力电池组在电动汽车上使用时，性能指标往往达不到单电池原有水平，使用寿命缩短，严重影响其在电动汽车上的应用，有必要对电池组的一致性进行测试与评价。

电池开路电压间接地反映了电池的某些性能，保证电池开路电压的一致，是保证性能一致的一个重要方面。一般采用的方法是将电池静置数十天，测其满电荷电状态下储存的自放电率以及满电状态下不同储存期内电池的开路电压，通过观察自放电率和电压是否一致来对电池的一致性进行评价。根据静态电压配组的方法最简单，但准确度较差，因为其仅考虑带负载时电压的情况，未考虑带电荷时间和输出容量等参数，往往需要结合其他方法一起使用。

容量是体现电池性能的一个重要参数。按标准的容量测试流程计算容量，再根据容量及分布对一致性进行评价。这种方法具有操作简单、设备便宜、厂家易于实施等特点，但工作状态和使用环境不同，都会引起电池电压、容量特性的变化，在指定条件下的容量一致，并不能保证电池在实际充放电过程中保持一致。图4.2所示为动力电池的一致性检测示意图。

电池的内阻可以被快速地测量，因此被广泛用于评价电池的一致性。准确测量内阻数值也有较大的难度，在目前仅能作为定性参考，很难作为定量、精确的依据。

图4.2 动力电池的一致性检测示意

任务二　温度监测

电池对其工作温度是极其敏感的，过高的温度将会导致电池外壳破裂，发生漏液、爆炸等安全事故；过低的温度将导致电解液凝固，使得充电或者放电无法进行。在电池管理系统中，除了针对电池本身进行温度监测，还应对环境温度、电池箱的温度等进行监测，这对电池的剩余容量的评估、安全保护等方面具有非常重要的意义。

一、精度问题

动力电池管理系统对温度监测误差的容忍程度是很高的。从剩余电量评估的角度来看，虽不同的环境、相同放电倍率条件下电池的有效容量有所差异，从而温度测量的误差也将直接影响剩余电量评估的准确度，但 1~2 ℃的误差所造成的影响基本很小，而且不会随着时间的推移产生累积误差。从安全保护的角度来看，温度监测的误差基本不会造成严重的影响。

值得一提的是，温度监测容易受到电磁干扰的，因为模拟型的热敏电阻上的电压差比较小，而数字型的 18B20 芯片中的数据报文没有严格的错误校验机制。针对这样的干扰，最好的解决办法就是加入数字滤波器，把高频的信号变化滤除。因为在电动汽车上，温度本身是一个渐变量，不应该发生"阶跃式"的突变。

二、温度传感器的放置

温度传感器是获得温度信息的电子器件。温度传感器的分类比较丰富，就采集原理来分，可以分为热电阻式和热电耦式等，还可以分为模拟式或者数字式等。图 4.3 所示为数显温度传感器。

在电池管理系统中，需要监测的温度信息主要包括环境温度、电池箱的温度以及电池本身的温度。在实际设计中，如何放置温度传感器的问题就等效为以下几个问题，而这几个问题往往是比较难解决的，涉及成本与性能之间的矛盾。

（一）环境温度监测与电池温度监测

就电池管理系统而言，最终需要获得的实际上是电池本身的温度信息而不是环境温度信息。然而环境温度的监测也是重要的。这是因为：

图 4.3 数显温度传感器

（1）环境温度信息单一，更容易获取。在电池组中，不仅每个电池的温度有差异，而且在充放电工作过程中，同一个电池的不同位置的温度大小并不一致，因此，可以通过监测环境温度来推算电池的温度。

（2）滞后性。在电池放电过程中，随着环境温度的升高，电池外表的散热速度减慢，电池的温度也会逐渐升高。由于电池的热量是自内而外地散发的，因此，如果能提前监测到环境温度的变化，就能预测在一段时间以后，电池外表温度的升高。反之，若只监测电池外表的温度，则当发现电池外表温度较高时，实际上电池内部的温度可能已经达到更高的危险值。

（二）是否监测每一个电池的温度

就安全性而言，监测每一个电池的温度是必要的，任何一个电池都有可能因为超过温度的门限值而导致电池的损坏或者引起严重安全事故。但若为每一个电池都配置温度传感器，一方面会增加电池管理系统的成本；另一方面，会使得电池箱体的内部因为温度传感的配置而增加了许多连线，从而降低了电池组的实际可维护性。

（三）在电池表面选择传感器的放置位置

电池的化学反应发生在每个单元电池的内部，但实际工作中，温度传感器不可能安放在电池内部，而只能将其布置在电池正表面的中部位置。这也会造成温度监测数据只能反映该处的情况，而无法体现整块电池的实际温度。

项目五　动力电池的安全保护

新能源汽车的高压电来源于动力蓄电池，若不了解动力蓄电池的安全特性而盲目拆卸检查，可能会造成触电事故，严重的会引起火灾。因此维修新能源汽车动力蓄电池前必须了解该动力蓄电池的类型及安全防护措施，维修中要准确识别新能源汽车上的高压元器件并做好相应的安全防护措施。

任务一　动力电池系统安全分析

新能源汽车存在高电压，如果操作不当，将对人体产生伤害，无论是研发、生产还是售后技术人员，如果没有正确认识新能源汽车相关高压部件及掌握安全防护措施，就有可能导致严重的高压伤害。

一、动力电池系统的特性

动力电池的特性有寿命长、使用安全、耐高温、容量大、无记忆效应、体积小、质量轻等。但是动力电池系统作为高能量载体，在没有外界能量输入的情况下，本身就能够因为能量非正常释放而产生巨大破坏力。

根据非正常释放的表现形式，将其分为：电能释放（又称电击）和化学能释放，如图 5.1 所示。

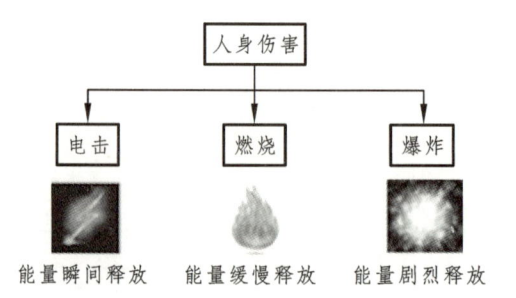

图 5.1　能量非正常释放的表现形式

燃烧过程中的能量转化为化学能转化为热能、光能等，而爆炸的过程则是化学能转化为热能、光能，并伴有巨大的机械能。燃烧和爆炸两者都需具备可燃物、氧化剂和火源这三个基本因素。因此，燃烧和爆炸就其本质来说是相同的，而它们的主要区别在于氧化反应的速度不同。燃烧速度（即氧化速度）越快，燃烧热的释放越快，所产生的破坏力也越大。在有限的空间里产生急速燃烧，产生高温高压气体，就会发生爆炸。

当然对于动力电池系统而言，其电特性、化学特性和机械特性也不可或缺。

（一）动力电池系统的电特性

动力电池输出电压通常高达 300 V（直流 60 V 以上为非安全电压）并且存储的能量能够达到千瓦时级别。特别需要注意的是动力电池系统的电压等级和能量足以造成电击伤亡事故。

（二）动力电池系统的化学特性

动力电池系统的电池单体中的电解液和系统中的塑料部件是可燃物，金属铝在高温下也会燃烧，并且电池单体中的正负极材料是氧化剂，其中的放热副反应会引起温度快速上升，成为火源。动力电池系统具有燃烧发生的一切要素。

（三）动力电池系统的机械特性

动力电池系统为了防水防尘，经常做成空间密闭状态，为了经受强烈的机械载荷，其壳体材料具有足够的强度，这也就导致动力电池系统在发生剧烈燃烧时，有发生爆炸的可能性。

二、电击分析

（一）电流对人体的伤害

动力电池系统为非安全的直流电系统，其所造成的电击危害对人体有不可逆的损伤。我们将人体对电流的感觉分为三种：感知电流、摆脱电流和致命电流（室颤电流）。

1. 感知电流

使人体有感觉的最小电流称为感知电流。人体流过感知电流时会有轻微的麻感，成年人的直流感知电流约为 0.5 mA，成年男性的工频交流感知电流约为 1.1 mA，成年女性的工频交流感知电流略小，约为 0.7 mA。感知电流一般不会造成人体伤害，但是接触时间长也容易导致接触面的电解而增大电流，或因电流的麻感增加导致人体反应变大，造成错误动作，从而产生事故。

2. 摆脱电流

人体触电后能够自行摆脱带电体的最大电流称为摆脱电流。人体流过的电流在摆脱电流范围时，人能感受较强的触电麻感，但能迅速摆脱触电状态。成年人的直流摆脱电流约为 50 mA，成年男性的工频交流摆脱电流约为 16 mA，成年女性的工频交流摆脱电流仅为 10 mA，儿童的摆脱电流远远小于成年人。

个体不同，电阻不同，触电的状况不同，不同的人、不同的场景下摆脱电流是完全不同的。一般来说，在摆脱电流范围内人体能忍受，暂时也不会造成危险，但是电流通电时间过长也会造成心室颤动或者昏迷、窒息，甚至死亡。

3. 致命电流（室颤电流）

人体发生触电后马上危及生命的最小电流称为致命电流。在低压触电事故中，心室颤动是触电致命的最主要原因。通常致命电流又称为导致心室颤动的最小电流，一般状况下，直流电流超过 100 mA、工频电流超过 50 mA 时，心脏就会停止跳动，出现致命危险。大量的实验研究证明，当流过人体的电流大于 30 mA 时，心脏有室颤的危险，所以往往把 30 mA 作为室颤的极限电流。

工频电流作用的危害强于直流电，新能源汽车除了驱动电机及驱动电机控制器部分采用交流电外，动力源部分采用的都是直流电，参照工频电流的安全防护执行可以得到安全保障。

除电流流过心脏造成的危害以外，电流流过中枢神经及相关部位，会引起中枢神经强烈失调而影响呼吸与心跳，导致死亡；电流流过脑部，会严重损伤大脑，使人昏迷不醒或死亡；电流流过脊髓，会使人瘫痪；电流流过局部肢体会引起中枢神经强烈反射导致重收缩而造成伤害。

（二）电　击

电击是电流通过人体引起的病理变化。电流流过人体内部，能直接导致内部组织器官的损害，是最危险的触电伤害。产生电击后，电流从身体内部流过，触电者外伤不明显，多数情况下只留下几个放电后的疤痕，这是电击伤害的一个显著特征。

人体遭遇电击后，发生的病理变化主要是心室颤动、呼吸麻痹、呼吸中枢衰竭等。电流直接流过神经组织中枢或心脏时，立即引起中枢神经失调或心室颤动，造成人体呼吸困难或心搏骤停导致死亡。50 mA 的工频电流可使人体受到致命电击，神经系统受到强烈刺激，引起呼吸中枢衰竭，呼吸麻痹，心室颤动，导致昏迷或死亡。

电击持续时间越长，人体造成的损伤越大。这是因为：

（1）电流持续时间越长，体内积累电荷越多，伤害越严重。

（2）随着电击时间增加，人体与所接触带电体表面产生电解，加上人体汗液增多，人体电阻快速下降，流过身体的电流快速增加，电击危害加大。

（3）电击持续时间越长，中枢神经反应越强烈，电击危害性越大。

（4）心电图显示的心脏收缩与舒张之间约 0.2 s 的时间是心脏易损期（易激期）。电击持续时间长必然与心脏易损期重合，使电击的危害加剧。

三、燃烧与爆炸分析

相对于电击而言，燃烧和爆炸是动力电池系统最为常见的危害表现形式，造成的影响更为严重。

导致动力电池系统发生燃烧或爆炸的可能原因如下：

（1）电芯的放热副反应导致热失控，引燃电解液、隔离膜和其他可燃物质。

（2）局部连接阻抗过大，导致温度上升，达到着火点温度，引燃动力电池包内部的可燃物质。

（3）动力电池包外部发生火灾，导致动力电池包温度持续上升，达到着火点温度，引燃内部的可燃物质。

针对电动汽车的使用情况而言，第一种情况的发生概率最高，危害最大。电芯的放热副反应导致热失控，是动力电池系统发生燃烧或爆炸的主要原因。

任务二　电池的安全保护功能

目前，新能源汽车的起火事件时有发生，据中国新能源汽车安全事故统计结果显示，新能源汽车起火事故主要来源于碰撞引发的短路、电池进水致外短路、电连接故障、电池过充电、电芯漏液致外短路等因素。归根结底主要是动力电池的安全性问题。

一、动力电池的安全性

动力电池安全性的问题概括起来叫作动力电池热失控，也就是在电池受热到一定温度之后，其内部反应不可控导致温度直线上升，超过 500 ℃ 后就会燃烧爆炸。

在新能源汽车中，动力蓄电池是整车最主要的动力来源，其常见种类主要有锂电池、镍氢电池、燃料电池等，在此主要介绍几种常见电池的安全性。

（一）锂电池安全性

目前，锂电池已广泛应用于新能源汽车中，它的安全性能是新能源汽车安全性能最重要的一项指标。

1. 安全性问题的层次

锂电池系统安全性问题表现为 3 个层次：

（1）演变包括演化和突变，演化即电池系统长期老化，突变即突发事件造成电池系统损坏。

（2）触发指锂电池从正常工作到发生热失控与起火燃烧的转折点。

（3）扩展指热失控带来的向周围传播的次生危害。

2. 安全性能应满足的条件

对于锂电池安全性能的指标，《电动汽车用锂离子动力蓄电池包和系统第 3 部分　安全性要求与测试方法》（GB/T 31467.3—2015）中规定，合格的电池在安全性能上应该满足以下条件。

（1）短路：不起火，不爆炸。

（2）过充电：不起火，不爆炸。

（3）热箱试验：不起火，不爆炸（150 ℃ 恒温 10 min）。

（4）针刺：不爆炸。

（5）平板冲击：不起火，不爆炸（10 kg 重物自 1 m 高处砸向电池）。

（6）焚烧：不爆炸（煤气火焰烧烤电池）。

3. 锂电池的化学伤害

锂电池的外壳多为钢或含镍不锈钢制成，分为圆柱形和方形两种。电池内部为卷式结构，由正极、负极和含盐的有机溶液组成。

正极材料由含锂化合物粉、导电碳粉、黏合剂和铝等黏合而成。负极材料由石墨或无定形碳的锂离子嵌入化合物、黏合剂和铜箔黏合而成。锂电池内部含有很多有害的化学物质，危害最大的是电解液。电解液为有机易挥发性液体，而且有明显的腐蚀性，人体长时间吸入其挥发出的气体对呼吸道有损害，易引发呼吸道疾病。

4. 锂电池火灾及防护

新能源汽车起火常常是由锂电池引起的，而动力蓄电池起火一般是由于电池内部高温积聚，导致电解液分解产生大量有毒气体，使电池膨胀破裂，含锂元素的物质接触到空气后会发生燃烧。

锂电池火灾的主要原因是导致电池内部高温积聚异物穿刺、外力撞击、内部极板短路、内部进水、过充过放、电池冷却系统故障等。内部极板短路会导致新能源汽车在停驶状态下自燃。

1）异物穿刺

锂电池内部的正负极之间有一层隔膜，隔膜的主要作用是防止正负极接触，并且允许离子透过隔膜进行转移。金属异物穿刺会使隔膜破损会直接导致正负电极通过金属异物短路，如图 5.2 所示。非金属异物穿刺会破坏隔膜，导致正负极接触引起短路。

图 5.2 异物穿刺

2）外力撞击

外力撞击会导致锂电池内部结构损坏或外壳破损，严重时会导致锂电池的电极暴露在空气中。由于锂电池嵌锂负极具有强还原性，与金属态的锂性质接近，破损后会发热冒烟，不及时控制就会起火。

当然被破坏的锂电池除单体发热燃烧外，还会引燃其周围的电池，最终将火灾扩散到其他正常电池。

装有锂电池的新能源汽车在正常行驶过程中应避免动力蓄电池磕底、碰撞等发生。

3）电池内部短路

锂电池在使用过程中，由于环境温度、电极特性等因素会产生锂枝晶，锂枝晶累积会破坏隔膜导致正负极短路，使热量聚集引起锂电池自燃。除使用过程中生成锂枝晶导致内部短路外，隔膜出现瑕疵、集流体毛刺等也会破坏隔膜使电池内部短路，从而引发火灾。

新能源汽车的锂电池在出厂前都经过严格的检测流程，《电动汽车用动力蓄电池安全要求及试验方法》（GB/T 31485—2015）和《电动汽车用锂离子动力蓄电池包和系统 第 3 部分 安全性要求和测试方法》（GB/T 31467.3—2015）中对单体锂电池、电池模块和电池包的安全测试及要求做出了明确的规定，要求电池短路保护装置起作用，蓄电池系统无泄漏、外壳破裂、着火或爆炸等现象，试验后的绝缘电阻值不小于 100 Ω/V。

4）过充过放

锂电池过度充电会导致电解液发热分解产生气体，气体在密封的电池内部形成压力，导致锂电池膨胀。如果隔膜因膨胀破裂，正负极接触就会导致电池短路并起火。同样外部大功率过放电也会导致电池内部发热并膨胀，出现与过充类似的破坏过程导致起火。

如果新能源汽车出现故障后不能自动停止充电，就有可能导致过充，使电池包电流输出异常，导致持续大电流放电（未超过熔丝熔断电流），热量会在锂电池内部积累并导致鼓包，从而引发火灾。《电动汽车用锂离子动力蓄电池包和系统 第 3 部分：安全性要求和测试方法》（GB/T 31467.3—2015）中对动力蓄电池过充、过放保护的要求是电池管理系统起蓄电池系统无外壳破裂、着火或爆炸等现象，试验后的绝缘电阻值不小于 100 Ω/V。

5）内部进水

锂电池的负极嵌锂，锂是一种非常活泼的金属，遇水会发生剧烈的化学反应，将水分解为氢气并放出大量热量引起燃烧。装有锂电池的新能源汽车，如果水进入电池包内部，由于电化学反应使锂电池外壳被逐渐腐蚀，一旦外壳被腐蚀直至露出电极，电极遇水立即出现上述剧烈的化学反应，最终引燃整个电池包。

动力蓄电池生产过程中，IEC（国际电工委员会）用指标 Ingress Protection（侵入保护）来衡量电池防尘防水性能，标记为 IP××，其中第一个×代表防尘（固态）等级，第二个×代表防水（液态）等级。目前，使用电池的新能源汽车防护级别达到 IP67 级及以上，短时间涉水行驶不会引发电池内部进水甚至起火。

5. 锂电池火灾的处理

装有锂电池的新能源汽车起火后，消防部门一般的处理规程如下，作为维修人员也应有所了解。

（1）了解和询问。一旦是纯电动汽车起火，消防中心便会询问起火纯电动汽车的品牌和型号，同时调阅新能源汽车资料库，搜索汽车服务手册及随车应急救援手册等材料了解该车的动力蓄电池种类和容量，以及车辆最高电压、高压线路走向等，甚至会同当地经销商了解相关信息并做好相关准备。

（2）防电措施。如果火势刚起，在能够断电的情况下，一定要立刻断电，并且要将车钥匙装入信号屏蔽袋，并将袋子放置到距离车辆 10 m 以外的地方。如果起火时人员已经逃到车外，则消防员必须拉开 15 m 以上的灭火距离。同时，在防高压电击方面需要格外注意，一定不能使用破拆工具盲目穿透护罩，或者穿刺、切割、撬开、拆卸车辆的任何结构，特别是采用对于防穿刺能力较差的锂电池的车型。到场后，消防员还要戴好绝缘手套。

（3）高温及毒气防护。新能源汽车起火时除了要防护高压电，还要注意起火后的高温。传统家用汽油车在起火后燃烧温度大约只有 500 ℃，但动力蓄电池起火，温度高达 1 000 ℃，并且动力蓄电池燃烧后会产生大量有毒气体，如氟化氢、氰化氢等，对于灭火人员的高温防护和毒气防护要求会更高。

（4）灭火方法。扑灭动力蓄电池起火要用大量的水。例如，查阅某品牌电动汽车的应急救援手册可以发现：如果火势较小，可以用二氧化碳或 ABC 干粉灭火器。如果火势大，就需要用大量的水，因为动力蓄电池在火灾中会发生弯曲、变形损坏，如果水量太少，有毒气体就会大量渗出，同时也要注意现场可能引发的漏电情况。此时，车主应尽量远离车身。

（5）冒烟监控。动力蓄电池起火后很难被扑灭。许多纯电动汽车应急救援手册都注明了电池着火可能需要 24 h 才能完全扑灭，冒烟表示电池内部仍处于高温状态，必须监控直到电池不再冒烟之后 1 h 以上，防止电池火灾死灰复燃。

装有锂电池的新能源汽车在日常生活中正常使用情况下自燃的概率很低，新能源汽车厂家在研发过程中也会考虑整车撞击后的电池安全问题。当发现新能源汽车电池出现问题时，在保证人身安全的前提下，按照正常的操作流程，首先切断电源，再寻求其他帮助，以最大限度地减少经济损失和降低危害程度。

6. 锂电池对环境的危害

锂电池中不含汞、铅等毒害大的重金属元素，因此，常被认为是绿色电池，对环境的污染程度相对较小，但实际上锂电池的正负极材料、电解液等对环境和人体健康还是有很大影响的。美国交通部已将锂电池归类为一种具有包括易燃性、浸出毒性、腐蚀性等有毒有害性的电池，是各类电池中包含有毒有害性物质最多的。因此，如将废旧锂电池采取与生活垃圾同样的处理方法（包括填埋、焚烧、堆肥等），其中的钴、镍、锂、锰等金属以及多种无机、有机化合物会对大气、水、土壤造成严重的污染，具有极大的危害性。

同时，锂电池在使用过程中因副反应会产生一些有害物质，如溶剂分解产物丙烯、乙二醇、乙烯、乙醇等，这些有害物质都可直接或间接造成环境污染。

（二）镍氢电池的安全性

1. 镍氢电池的安全特性

镍氢电池有 6 个主要特性：表征工作特性的充电特性与放电特性、表征储存特性的自放电特性与长期存放特性、表征综合特性的循环寿命特性与安全特性。它们都取决于电池结构。

1）充电特性

当镍氢电池充电电流增大和（或）充电温度降低时会导致电池充电电压上升。一般在 0 ~ 40 ℃ 的环境温度下采用不大于 1 C 的恒定电流充电，在 10 ~ 30 ℃ 的环境温度下充电能获得较高的充电效率。如果经常在高温或低温环境中对电池充电，会导致镍氢电池性能降低。对于 0.3 C 以上的快速充电，充电控制措施是必不可少的。反复过充电也会降低镍氢电池的性能，所以对镍氢电池高、低温以及大电流充电的保护措施一定要到位。

这里所用的"C"是电池行业中常用的一个衡量充电电流的参数，可体现充电速率，充电电流越大，充电速率就越快。

2）放电特性

镍氢电池的放电平台是 1.2 V，电流增大，温度降低，电池放电电压和放电效率都会降低，电池的最大连续放电电流为 3 C。镍氢电池在 1.0 V 以下一般可以提供稳定的电流，而 0.9 V 以下可以提供略小一些的电流，因此，镍氢电池的放电截止电压可以看作 0.9 ~ 1.0 V，有些电池则可以向下标到 0.8 V。IEC 将镍氢电池标准充放电模式设定为 1.0 V，我国新能源汽车镍氢电池按此标准执行。一般情况下，如果截止电压设定得太高，则电池容量不能充分利用，反之，则容易引起电池过放。

3）自放电特性

自放电是指电池充满电开路存放时容量损失的现象，自放电特性主要受环境温度的影响，温度越高，电池存放后容量损失越大。

4）长期存放特性

长期存放特性主要是反映镍氢电池的电量恢复能力。经过较长时间（如一年）存放后使用时，电池的容量可能会比存放前的容量小，但经过几次充放循环后，电池应能恢复到存放前的容量。

5）循环寿命特性

镍氢电池的循环寿命受充放电制度、温度和使用方法的影响。按照 1EC（国际电工委员会）标准充放电时，一次完全充放电就是镍氢电池的充电周期，多个充电周期就合成了循环寿命，镍氢电池的充放电循环可以超过 500 次。

6）安全特性

镍氢电池的安全特性是各类电池中较好的。在使用过程中，如果因电池使用不当造成过充、过放、短路而使电池内部压力升高时，一个可恢复的安全阀将会打开，降低内部压力，从而防止电池爆炸的作用。

由以上特性可见，镍氢电池是一种性能良好的动力蓄电池。

2. 镍氢电池的化学伤害

镍氢电池由氢氧化镍正极、储氢合金负极、隔膜纸、电解液、钢壳、顶盖、密封圈等组成。在圆柱形电池中，正负极用隔膜纸分开卷绕在一起，然后密封在钢壳中，其在方形电池中，正负极由隔膜纸分开后叠成层状密封在钢壳中。

镍氢电池本身对人体伤害较小，但如果发生爆炸，电池附属物连同阻燃 ABS（高温下仍然会被闷燃或熔化、老化）都会产生大量有毒、有害物质（如粉尘等），对人身体有害。镍粉可溶解于血液，参与体内循环，有较强毒性，能损害中枢神经，引起血管变异，严重者导致癌症。

3. 镍氢电池火灾及防护

镍氢电池与锂电池有一定区别，镍氢电池存在爆炸风险，若无专业消防安全知识不建议盲目进行灭火。

镍氢电池起火后，处理方法如下：

（1）关闭车辆电源开关，观察起火点判断火势情况。如火势较大，应远离车辆，防止镍氢电池爆炸，并拨打救援电话；若火势较小，车主有一定的消防知识，可协助灭火。

（2）必须做好个人安全防护。灭火人员需穿着全棉防静电内衣、灭火防护服、佩戴消防头盔、手套、绝缘靴、安全帽、空气呼吸器等基本防护装备。

（3）按照 B 类火灾（即液体或可熔化的固体物质火灾）扑救方法，使用干粉、二氧化碳、泡沫等灭火剂灭火。

（4）待明火熄灭后，继续利用水枪对火场进行 1 h 以上持续冷却，并使用测温仪进行实时监测。

4. 镍氢电池对环境的危害

镍氢电池如处理不当将导致重金属镍、钴等元素污染大气与土壤，进而影响农作物生长，危害整个食物链体系。

《工业企业设计卫生标准》（GBZ 1—2010）规定车间空气中碳基镍的最高容许浓度为 0.001 mg/m³，地面水中镍的最高容许浓度为 0.5 mg/L。

美国规定农业灌溉用水的镍含量标准是：连续灌溉为 0.05 mg/L，短期灌溉为 2 mg/L。

（三）燃料电池的安全性

燃料电池目前由于成本昂贵、技术尚未完全成熟而无法广泛应用于新能源汽车中，但以其清洁、高效、无污染等优点，拥有广泛的应用前景。

燃料电池是一种电化学发电装置，可等温地按电化学方式直接将化学能转化为电能而不经过热机过程，能量转化效率高，且无噪声、无污染，是理想的能源利用方式。同时，随着燃料电池技术不断成熟，燃料电池在汽车中商业化应用存在广阔的发展前景。

燃料电池主要分氢燃料电池、甲烷燃料电池、甲醇燃料电池、乙醇燃料电池等。我国氢燃料电池在新能源汽车中应用较为广泛。氢燃料电池汽车的核心组成部分为动力系统，采用"燃料电池+电动机"代替传统燃油汽车"发动机和燃油系统"。燃料电池系统、储氢罐、电动机、升压转换器、峰值电源（蓄电池、超级电容）、各动力控制单元组成了氢燃料电池汽车的动力系统。

1. 燃料电池的安全特性

相对于锂电池，燃料电池系统的安全性评价因素有很大不同，主要是针对燃料电池电堆和储氢系统两个部分，而且都与氢气直接相关。

1）燃料电池电堆的安全性

燃料电池电堆是由很多单电池按照压滤机方式组装起来的，电堆只是氢气和氧气发生电化学反应的场所，它本身并不储存能量。燃料电池电堆的安全控制主要有两个方面：一是对电池组的保护，需要在检测到电压和温度异常之后，可以在极短时间内切断氢气和空气的供给，从而避免事故的发生；二是对氢气的监控，这是主要的安全隐患。

对其燃料电池汽车的综合测试结果表明，即使在工作状态下对电堆进行穿刺短路，都不会引起电堆火灾和爆炸发生，这主要是因为电堆内部氢气含量并不大，而且氢气与空气可以迅速被切断。针对电堆本身而言，氢气的泄漏点主要有两处：一处是在氢气供给接口处，另一处是在膜电极的层叠间隙处。当前的氢气传感器技术无论是在灵敏度还是可靠性方面都已经非常成熟，可以保证控制系统在极短时间内切断氢气气路，从而避免氢气在动力舱的积累。

2）储氢系统的安全性

燃料电池系统最大的安全隐患在于储氢罐，储氢罐在外力作用下发生破损可能引发氢气泄漏，电堆自身或与车身金属件之间的碰撞摩擦可能产生火花而引爆泄漏的氢气。因此，应避免储氢罐因外力而破损，破损以后还应避免氢气爆炸，这是燃料电池最关键的安全性考核因素。目前，广泛使用的 70 MPa（700 bar）高压铝瓶，在国际上已经有过数千次的加压/减压测试记录，在抗应力疲劳方面过关，储氢瓶在满载条件下甚至还进行过步枪射击实验。为了避免外力损伤，几大国际汽车公司普遍选择将储氢罐放置在后排座椅下方或者座椅后背这两个汽车上相对比较安全的部位。

一般在储氢罐旁边、驾驶室和动力舱都安装有氢气传感器在线检测氢气浓度。储氢罐还安装了应急排放阀，以降低破损以后氢气的积累。燃料电池汽车只有在遭受重大交通事故或者由于应力疲劳导致储氢罐破损氢气泄漏的情况下，才有可能引发诸如爆炸这样的重大安全问题。通常，氢气泄漏后积累到爆炸下限浓度需要数秒，在氢气传感器的警报下乘客有一定的逃生时间。氢气的特点是非常轻，泄漏之后迅速上升，在通风良好、开阔的公路上一般不会发生爆炸危险。

2. 燃料电池火灾及防护

燃料电池汽车发生火灾时，驾驶员应根据闻到异味、车辆冒出烟雾、车辆已经起火三种不同情况，对车辆做出不同的防护措施。

1）闻到异味

如果车内出现了烧焦或刺鼻气味，说明有物品温度过高，很可能导致塑料部件起火，这时需要立即停车、熄火、下车，并拨打救援电话，让专业人员尽快过来处理。

2）车辆冒出烟雾

燃料电池汽车的电池着火之前，往往会冒出白烟，然后过几分钟才开始燃烧，所以车内出现来源不明的烟雾时，要立即停车、熄火、下车，与车辆保持一定距离后拨打救援电话。在没有查明烟雾来源之前，不可启动车辆，也不要进入车内。为了避免影响附近车辆，在车后要放置警示标志。

3）车辆已经起火

如果燃料电池汽车的电池已经起火，必须立即停车、下车、远离车辆。如果火势不大，可以用灭火器灭火；如果火势较大，需要远离车辆，拨打火警电话，不得擅自靠近车辆。

二、动力电池热失控原因及储存条件

（一）过热引起动力电池热失控

动力电池热失控其实最终都是温度上升导致的。温度上升会触发电池里的副反应，随着温度的升高，电池里会产生一系列的副反应，这些副反应都会放热，可能导致热的失控。

（二）电触发引起动力电池热失控

电触发引起的动力电池热失控，如动力电池外部短路、内部短路、过充，这些都会导致产热，然后产生热失控。

（三）碰撞引起动力电池热失控

车辆的碰撞、挤压会引起动力电池热失控。挤压之后就像一个针刺了电池一样，会导致短路产热，然后引起热失控。

（四）动力蓄电池的储存条件

（1）动力电池长时间存放不用，应保持 50%～60%荷电状态，每 3 个月应进行一次补充电，每半年应进行一次充放电。

（2）在运输过程中，应注意防潮、防湿，避免挤压、碰撞等，以免动力蓄电池损坏。

（3）禁止在高温下（炙热的阳光下或很热的汽车中）使用或放置动力蓄电池，否则可能会引起动力蓄电池过热、起火或功能失效,使用寿命缩短。

(4)禁止将动力蓄电池存放在有强静电和强磁场的地方,否则易破坏动力蓄电池安全保护装置,带来安全隐患。

(5)如果动力蓄电池出现发出异味、发热、变色、变形等情况,或在使用、储存、充电过程中出现任何异常,应立即将充电枪从车上拔下并停用。

(6)废弃的动力蓄电池应用绝缘纸包住电极,以防起火和爆炸。

三、电池的使用安全及安全保护功能

(一)电池的使用安全

(1)一般锂电池包出厂前,厂家会进行激活处理,并进行预充电,因此电池均有余电。锂电池包没有记忆效应,却有很强的惰性,被充分激活后,才能保证以后的使用性能达到最佳。如果新买的新能源汽车安装的是锂电池,那么前 3~5 次充电称为调整期,应充 14 h 以上,保证充分激活离子的活性。

(2)当充电器上的指示灯转变时,实际上只充满了 90%的电量。充电器会自动改用慢速充电将电池充满,此时不要切断充电器的电源,给电池一段补电的时间,将电池充满后再使用,否则会缩短电池的使用时间。

(3)尽量以慢充方式充电,减少快充方式的使用。无论慢充还是快充,时间都不要超过 24 h,否则电池很可能会因为长时间供电产生巨大的电子流而烧坏电芯。

(4)采用锂电池的新能源汽车应尽量避免在低温或高温下长时间停放。环境温度对于锂电池的充放电性能影响最大,在电极/电解液界面上的电化学反应与环境温度有关,电极/电解液界面被视为电池的心脏。如果温度下降,电极的反应率也下降,假设电池电压保持恒定,放电电流降低,电池的功率输出也会下降。如果温度上升,则电池输出功率会上升。温度也影响电解液的传送速度,温度上升则传送加快,温度下降则传送减慢,电池充放电性能也会受到影响。温度不可太高,超过 45 ℃会破坏电池内的化学平衡,导致副反应。

(二)电池的安全保护功能

电源系统的安全保护功能是通过 BMS 来实现的,BMS 直接对电源系统进行管理或者接收整车的多能源管理系统的指令对电源系统进行控制与保护。图 5.3 所示为 BMS 的安全保护功能结构图。

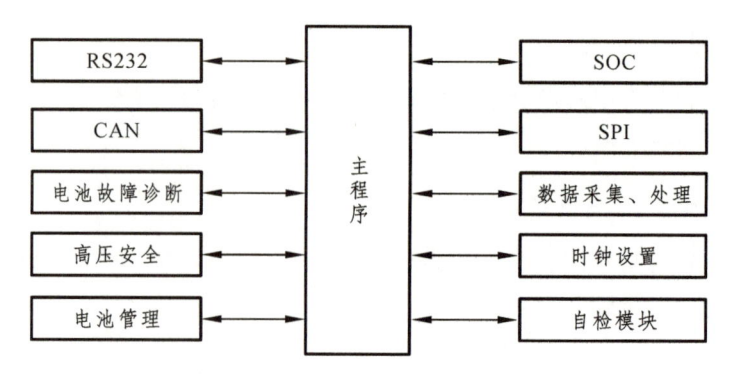

图 5.3 BMS 的安全保护功能结构

对动力电池的安全管理是电池管理系统的重要功能。安全管理功能主要包括：
（1）在车辆维护的状态下切断电池系统电源。
（2）在车辆维护的状态下能释放掉动力电子器件的电容电压，在车辆故障或发生碰撞的时候能及时切断电池系统电源。
（3）充放电参数控制。
（4）电池电量的计算与故障诊断，在系统漏电、欠压、过压、高温等情况下通知整车或进行处理。
（5）通过高速通信总线与其他控制器通信。

对电池组的安全管理是管理系统在对电池组的故障诊断基础上实现的。电池管理系统根据电池的单体电压、总电压、电流和温度等信息对电池运行状态进行评估和预测，判断电池故障状态，并生成故障码，通过总线发送到整车控制器和显示仪表。

（三）电气控制

德国的研究人员认为电气控制需要实现的功能有：控制充电过程，包括均衡充电；根据 SOC、SOH 和温度来限定放电电流。电气控制需要结合所使用的电池技术和电池类型来设定一个控制充电和放电的算法逻辑，以此作为充放电控制的标准。在 BMS 中，均衡充电是一个非常关键的环节。动力电池一般由多节较大容量单体电池串联而成。但由于单体电池之间存在不一致性，这会降低电池组的使用水平，严重影响电动汽车的性能，危及电动汽车的安全。例如，在湖南大学研发的 EV-3 中发现，当没有采用均衡充电时，电池经过多次的充放电之后，10 个单体电池组成的镍氢电池模块间电压差最大约为 2 V。

电气控制保护主要是对电池及电源系统的过压、欠压、过流等状态下进行保护控制，避免电池因这些原因造成损坏或出现安全事故，以及预测电源系统的 SOC 为整车提供运行策略。电气安全控制另一项主要功能是漏电保护控制，防止高电压和高电流的泄漏。

许多系统都专门增加电池保护电路和电池保护芯片。例如，某 BMS，其智能电池模块的电路设计还具有单体电池断接功能。安全管理系统最重要的是及时准确地掌握电池各项状态信息，在异常状态出现时及时发出报警信号或断开电路，防止意外事故的发生。

（四）热管理

热管理的功能：一是进行电源系统的温度调节；二是避免电池出现温度失控现象而造成安全事故。电池在不同的温度下会有不同的工作性能，如铅酸电池、锂离子电池和镍氢电池的最佳工作温度为 20～40 ℃。温度的变化会使电池的 SOC、开路电压、内阻和可用能量发生变化，甚至影响到电池的使用寿命。温度的差异也是引起电池均衡问题的原因之一。热管理系统的主要任务是使电池工作在适当的温度范围内，降低各个电池模块之间的温度差异。

电池热管理是电池管理系统的重要组成部分，其功能是通过风扇等冷却系统和热电阻加热装置使电池温度处于正常工作范围。电池管理的重点是通过分析传感器显示的温度和电池组的关系，确定电池组外壳及电池模块的合理摆放位置，使电池箱具有有效的热平衡与迅速散热功能，通过温度传感器测量自然温度和电池箱内温度，确定电池箱体的阻尼通风孔的大小，以尽可能降低功耗。

电动汽车的能源是很宝贵的，应尽量采用节能元件。电池箱内的冷却风扇一般为分级工作，这样能做到在保证电池性能的条件下尽量使用小排量的风扇。当第一级风扇工作后尚不能达到要求的温度时，第二级冷却风扇才参与工作，加强冷却。此时，电池箱内的温度如果还不能达到要求的工作条件，温度继续升高已达到影响电池模块的正常工作条件，为保护电池模块不受损坏，能量管理系统会发出停止电池模块供电的指令，强行使车辆停驶。当电池在充电状态下，能量管理系统会强令充电机停止充电而不损坏电池。

（五）诊断功能

管理系统开机前应首先进行自检，主要检测各项功能模块是否工作正常，以及电池组是否异常。自诊断功能为分析系统的状态提供有效的支持。系统可以通过控制单元的通信接口将数据发送给计算机，采用命令相应方式实现。具体有以下功能：

（1）CAN 诊断信息查询。
（2）系统信息查询电压、电流、温度、SOC、报警值、系统各种标志等。
（3）系统时间查询、设置，系统 SOC 修改。
（4）系统高压继电器控制。
（5）累计充电电量、累计放电电量的查询。
（6）电池累计循环寿命的查询、设置，采集模块所有温度、电压值的查询。
（7）系统最高电压、最低电压的查询。
（8）系统最高温度、最低温度的查询。
（9）系统测试模式功能使用、设置等。

当诊断结束，各项功能模块正常，且电池组各项参数也正常，电源系统才能进入正常工作状态。

任务三　高压安全

一、新能源汽车高压电安全

为了获得更高的驱动扭矩和更大的驱动功率，新能源汽车的工作电压不断提高，某些纯电动汽车的驱动电压已经超过 600 V，远超人体所能承受的安全电压。现阶段，新能源汽车主要车型有纯电动汽车、插电式混合动力汽车和燃料电池汽车等，随着社会对新能源汽车续航能力需求不断提高和技术不断进步，新能源汽车采用了越来越高的驱动电压。图 5.4 所示为高压警示标识。

图 5.4　高压警示标识

《电动汽车高压系统电压等级》（GB/T 31466—2015）中指出，高压系统是指电动汽车内部与动力电池直流母线相连或由动力电池电源驱动的高压驱动零部件系统，主要包括但不限于：动力电池系统和/或高压配电系统（高压继电器、熔断器、电阻器、主开关等）、驱动电机及其控制器、电动压缩机总成、DC/DC变换器、车载充电机（如果配置）和PTC加热器等。同时，插电式混合动力汽车还包括发电机系统，燃料电池汽车还包括燃料电池堆栈及其升压系统等。

国家标准将新能源汽车高压系统直流电压等级分为144 V、288 V、317 V、346 V、400 V、576 V等几种。同时，注明由于技术进步、整车布置空间方面的因素，在具体应用时，可采用偏离上述电压等级的其他电压。

（一）高压电等级

根据《电工术语 发电、输电及配电 通用术语》（GB/T 2900.50—2008）的规定，低电压指用于配电的交流电力系统中1 000 V及以下的电压等级，高电压指超过低压的电压等级。国际上公认的高低压电器分界线是交流电压1 000 V、直流电压1 500 V。目前，国内市场销售、使用的新能源汽车驱动电源电压均低于1 000 V，因此须持有"低压电工作业特种作业操作证"方可从事新能源汽车维修。

《电动汽车安全要求》（GB 18384—2020）中将新能源汽车电压分为A级电压和B级电压，目前新能源汽车动力系统大多采用B级电压。A级电压主要应用于车辆12 V或24 V低压电路系统、低速电动汽车和部分采用48 V动力电池的轻度混合动力车型。表5.1为电压等级。

表5.1 电压等级

电压等级	最大工作电压/V	
	直流	交流（rms）
A	$0<U\leq60$	$0<U\leq30$
B	$60<U\leq1\ 500$	$30<U\leq1\ 000$

对最大工作电压达到B级电压的新能源汽车，必须按规定采取防止直接接触带电体的保护措施对维修人员进行保护，防止触电事故发生。B级电压电路中高压电缆的外皮应用警示色——橙色加以区别。图5.5所示为新能源汽车动力电池内部高压电缆。

图5.5 新能源汽车动力电池内部高压电缆

（二）安全电压

安全电压是指人体可较长时间接触带电体而不致直接致死或致残的电压。由于环境条件和使用条件等差异，各行各业对安全电压的要求会有所不同。根据《标准电压》（GB/T 156—2017）的规定，直流低于 1 500 V 的设备额定电压优选 6 V、12 V、24 V、36 V、48 V、60 V、72 V、96 V、110 V、220 V、400 V 等 10 种。

安全电压应根据作业场所、操作条件、使用方式、供电方式、线路状况等因素选用。例如，一般环境中使用的手持电动工具应采用 42 V 特低电压，有电击危险环境中使用的手持照明灯和局部照明灯应采用 36 V 或 24 V 特低电压；金属容器内、特别潮湿处等特别危险环境中使用的手持照明灯应采用 12 V 特低电压；水下作业等场所应采用 6 V 特低电压。

《特低电压（ELV）限值》（GB/T 3805—2008）中规定，在最不利条件下（除医疗及人体浸没在水中外），安全电压限值是 15～100 Hz 交流电压不超过 16 V（有效值），无纹波直流电压不超过 35 V。一般环境条件下新能源汽车允许持续接触的安全特低电压为 36 V。

二、纯电动汽车中的高压电

纯电动汽车的高电压系统同时具有直流高压电和交流高压电。例如，动力电池中会存在直流高压电，而驱动电机中会存在交流高压电。车辆维修时，必须做好绝缘保护措施，防止触电伤害，但可依据高压电存在形式有所区分。

当前纯电动汽车电池动力系统的一个重要特点就是具有高电压、大电流的动力回路。为了适应电机驱动工作特性要求并提高效率，高压电气系统的工作电压可以达到 300 V 以上，而且电力传输线路的阻抗很小。高压电气系统的正常工作电流可能达到数十甚至数百安培，瞬时短路放电电流更是成倍增加。高电压和大电流会危及车上乘客人身安全，同时还会影响低压电气和车辆控制器的正常工作。因此，在设计和规划高压电气系统时不仅应充分满足整车动力驱动要求，还必须确保车辆运行安全、驾乘人员安全和车辆运行环境安全。

纯电动汽车高压电存在形式主要有 3 种：

（1）持续存在。持续存在指当车辆运行或停止时，高压电始终存在。新能源汽车的动力电池是储能元件，因此当满足其放电条件后，会持续对外发电，为预防触电，无论何时对动力电池进行维修，都需要佩戴个人安全防护用具，做好绝缘保护。

（2）运行期间存在。运行期间存在指在点火开关打开即车辆处于上电状态（仪表 OK 灯或 READY 灯点亮）时，存在高压电，主要分为以下两种类型。

① 只要车辆处于上电状态就存在，涉及部件主要包括新能源汽车的逆变器（如驱动电机控制器）、DC/DC 变换器及与其相连的高压电缆。

② 虽然车辆处于上电状态，但需要接通功能开关才会存在，涉及部件主要包括电动空调压缩机、PTC 加热器和驱动电机。例如，只有当车辆 A/C 开关打开时电动空调压缩机才会存在高压电；当车辆暖风开关打开时，PTC 加热器才会存在高压电；当车辆挂挡行驶时，驱动电机才会存在高压电。

（3）充电期间存在。新能源汽车的充电系统部件仅在车辆充电期间存在高电压，此类高压电来自外部电网，以及车载充电器及其与动力电池之间的直流高压电缆。需要注意的是，某些车辆的车载充电器和动力电池设计有独立的空调冷却系统，在车辆充电期间，由于动力电池可能产生较高热量，此时电动空调压缩机会运行并给动力电池降温，因此，由于压缩机处于运行状态，在充电期间也会存在高压电。

三、电动汽车电源系统的高压控制

纯电动汽车电池动力系统的一个重要特点就是具有高电压、大电流的动力回路。为了适应电机驱动工作特性要求并提高效率，高压电气系统的工作电压可以达到 300 V 以上，而且电力传输线路的阻抗很小。高压电气系统的正常工作电流可能达到数十甚至数百安培，瞬时短路放电电流更是成倍增加。高电压和大电流会危及车上乘客人身安全，同时还会影响低压电气和车辆控制器的正常工作。因此，在设计和规划高压电气系统时不仅应充分满足整车动力驱动要求，还必须确保车辆运行安全、驾乘人员安全和车辆运行环境安全。

根据电动汽车的实际结构和电路特性，设计安全合理的保护措施是确保驾乘人员和车辆设备安全运行的关键。为了保证高压电安全，必须针对高压电防护进行特别的系统规划与设计。国际标准化组织和美国、欧洲、日本等都先后发布了若干电动汽车技术标准，对电动汽车的高压电安全及控制制定了较为严格的标准和要求，并规定了高压系统必须具备高压电自动切断装置。其中涉及电动汽车安全的电气特性有绝缘特性、漏电流、充电器的过流特性和爬电距离及电气间隙等。电动汽车的运行情况非常复杂，在运行过程中，难免会出现部件间的相互碰撞、摩擦、挤压，这有可能使原本绝缘良好的导线绝缘层出现破损，接线端子与周围金属出现搭接。高压电缆绝缘介质老化或受潮湿环境影响等因素都会导致高电压电路和车辆底盘之间的绝缘性能下降，电源正负极引线将通过绝缘层和底盘构成漏电回路。当高电压电路和底盘之间发生多点绝缘性能下降时，还会导致漏电回路的热积累效应，可能造成车辆的电气火灾。因此，高压电气系统相对车辆底盘的电气绝缘性能的实时监测也是电动汽车电池安全及整车安全技术的核心内容。

（一）高压互锁

高压互锁（HVIL）原理就是通过低压回路的通断来判定高压回路的线路及接插件是否有开路现象，互锁信号的发出、接收、判定均是通过电池管理器（或 VCU）来实现的，若存在高压互锁故障时，车辆不允许上高压电，且不同车型的互锁回路有着一定的区别（包括互锁针脚及互锁包含的高压零部件有差异）。图 5.6 所示为高压互锁回路，图 5.7 所示为互锁机制。

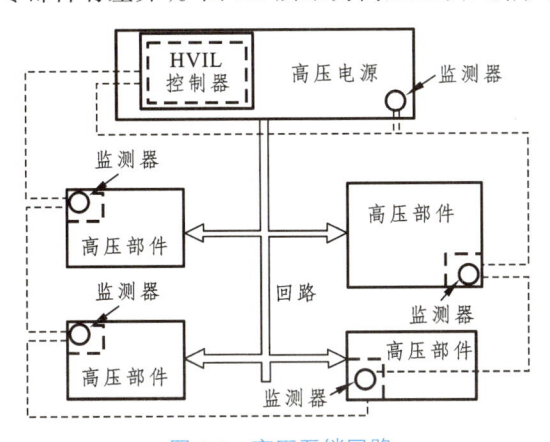

图 5.6 高压互锁回路

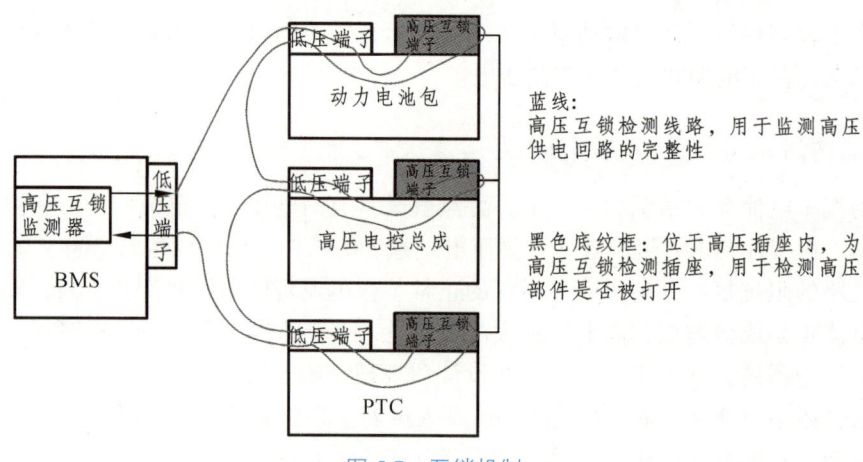

图 5.7 互锁机制

硬线互锁，指用硬线将各高压部件连接器的反馈信号串联形成互锁回路，当出现回路中的某个高压部件互锁出现故障的时候，互锁监测装置就会立即上报 VCU，由 VCU 执行相应的下电策略。但是要注意，我们不能让高速行驶的汽车突然失去动力，在执行下电策略时要考虑车速，所以在制定策略的时候，必须对硬线互锁分级。图 5.8 所示为硬线互锁。

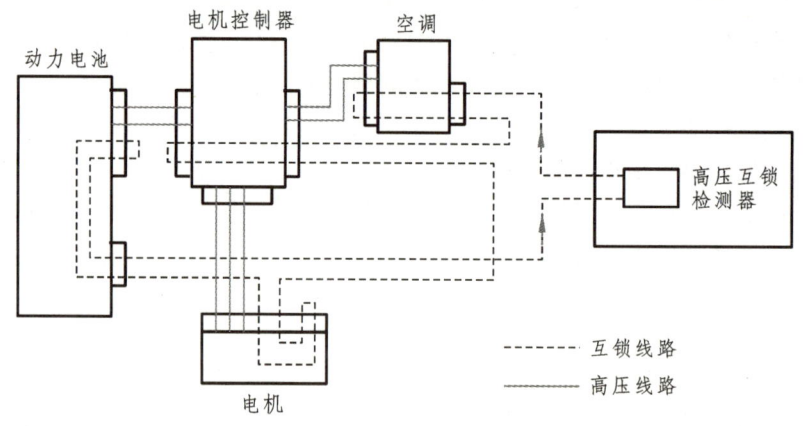

图 5.8 硬线互锁

比如，将 BMS、RESS（电池系统）、OBC 划为一级，将 MCU、MOTOR（电动机）划为二级，将 EACP（电动空调压缩机）、PTC、DC/DC 划为三级。针对不同的互锁等级，采取不同的 HVIL 策略。

由于高压部件分布在整车的各处，这就导致互锁硬线长度非常长，布线复杂且低压线束的成本增大，但是硬线互锁的方式设计灵活，逻辑简单，非常直观，利于开发。当整车发生碰撞时，碰撞传感器发出碰撞信号，触发 HVIL 断电信号，整车高压源会在毫秒级时间内自动断开，以保障用户的安全。

为确保高压母线快速连接器的连接可靠，在高压电回路中并联一组随快速连接器一起安装的高压互锁回路，并连接到 EVSM（用来动态检测高压快速连接器连接的可靠程度）。当检验到高压回路的连接没有达到预期的完整性要求时，EVSM 将直接或通过整车控制器禁止相关动力电源的输出，直到该故障完全排除为止。否则会存在高压电暴露、连接不良，造成动力回路输出功率下降甚至使连接器烧毁等严重后果。

高压互锁主要分为结构互锁、功能互锁和软件互锁三种，开盖检测属于结构互锁。

1. 结构互锁控制

电动汽车的主要高压接插件一般带有互锁回路，当其中某个接插件被带电断开时，动力电池管理便会检测到高压互锁回路存在断路，为保护人员安全，将立即进行报警并断开主高压回路电气连接，同时激活主动泄放，在 5 s 内将高压电降低到 60 V 以下。图 5.9 所示为高压互锁结构原理，图 5.10 所示为 e1、e2 充配电结构。

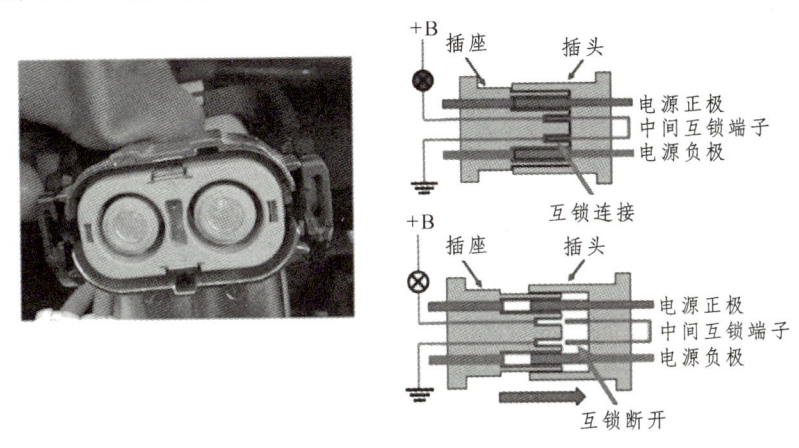

图 5.9　为高压互锁结构原理

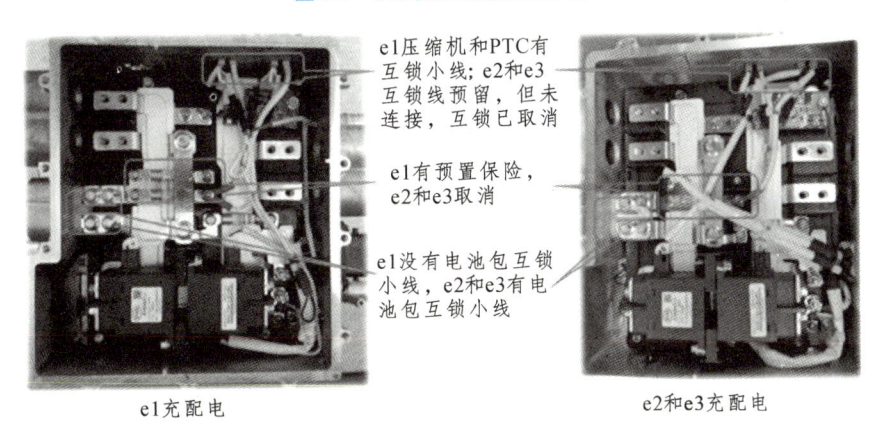

图 5.10　e1、e2 充配电结构

2. 功能互锁控制

当车辆在进行充电或插上充电枪时，新能源汽车的高压电控系统会限制整车不能通过自身驱动系统驱动，以防止可能发生的线束拖拽或安全事故。

3. 软件互锁控制

正常高压上电后，如果 PTC 或电动压缩机检测到高压侧电压异常，空调系统会将高压异常通过 CAN 发给 BMS 或 VCU，报出高压互锁故障。BMS 或 VCU 收到高压互锁故障信号后，将限制或中断 PTC 或电动压缩机功能。

"CAN" 互锁，各高压部件独立形成一个高压互锁环，以 BMS 和 VCU 为中央节点，由 CAN 网络将外围的高压互锁环路节点连接起来，将整车形成一个星形结构的高压互锁系统。

"CAN"互锁，具有节点容易扩展和可迅速精确定位故障源等优点，且 BMS 和 VCU 可以单独对外围节点采取点对点通信，而不妨碍其他节点正常工作；但是由于 CAN 通信监测对系统的匹配和功能安全要求很高，同时对电子部件的可靠性要求也比较高。图 5.11 所示为 e2 高压互锁。

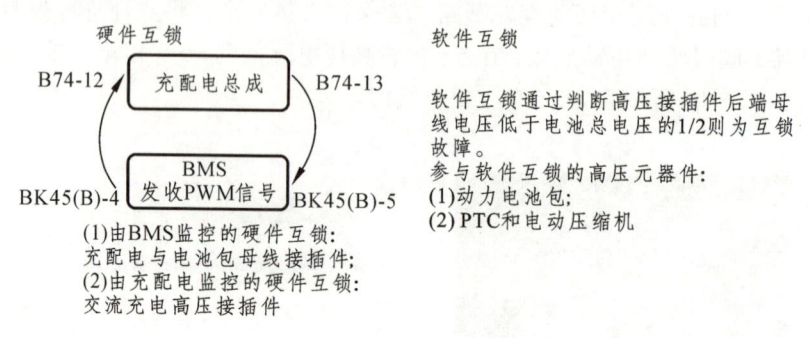

硬件互锁

B74-12 → 充配电总成 ← B74-13

BK45(B)-4 ← BMS 发收PWM信号 → BK45(B)-5

(1)由BMS监控的硬件互锁：
充配电与电池包母线接插件；
(2)由充配电监控的硬件互锁：
交流充电高压接插件

软件互锁

软件互锁通过判断高压接插件后端母线电压低于电池总电压的1/2则为互锁故障。
参与软件互锁的高压元器件：
(1)动力电池包；
(2)PTC和电动压缩机

图 5.11　e2 高压互锁

现在有趋势，高压零部件在使用高压电池包的能量时，只要连接到高压正负极，则自己检测高压插接件状态，并通过 CAN 报文反馈给 VCU 或 BMS，如图 5.12 所示。

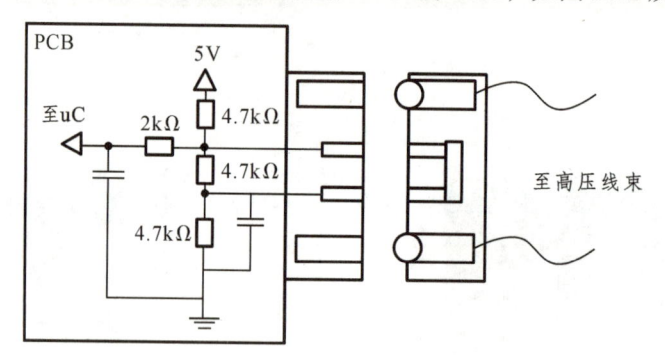

图 5.12　子件自检

完成高压互锁后还要进行高压互锁的检查。可能引起高压互锁故障的原因通常为某个高压插件未插或未插到位造成的，如 PTC、DC/DC、高压盒、车载充电机、空调压缩机高低压插件未插。图 5.13 所示为高压互锁的检查。

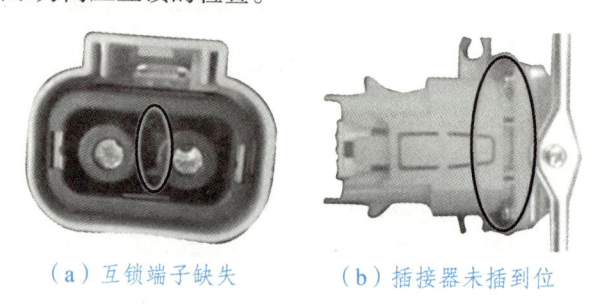

（a）互锁端子缺失　　　（b）插接器未插到位

图 5.13　高压互锁的检查

（二）接通信号的互锁控制

只有电动汽车上与高压电控制相关的管理模块都发出许可闭合的线控信号后，才能使专门设计的高压电闭合模块进入预充电过程，而只有符合事先设计要求的预充电过程才能最终使高压电回路完全闭合，电源系统才有能力向外供给能量。同样，在紧急的情况下，所有参与高压电控制的相关管理模块都可超越整车控制器，通过 COMM 控制线强行要求 EVSM 切断高压电源的输出。

（三）被动安全控制

在遇到紧急情况，尤其是严重的碰撞时，将会使车内的蓄电池单元、高压用电器等与车身固定件之间发生碰撞挤压等情况，造成潜在的脱落、短路等瞬间绝缘性能的快速下降或高压主回路电路的短接等非常危险的情况。为适应这种被动控制的需求，在 EVSM 中可以设置一个加速度传感器的信号输入电路，经过一个专门的数据处理模块，诊断出一个被动安全信号送 CPU 处理，并通过事件 CAN 及时与整车控制器通信，快速切断电源系统的输出。

（四）接通过程的安全诊断与控制

正确的接通过程就是一个检验和确保供电（蓄电池等）、负载（电机及控制器、DC/DC 等）及高压控制继电器自身的安全运行的过程。控制命令可以来自线控信号，也可以来自 CAN 网络。所有的请求接通命令，都需要一个定时的确认过程，确认的周期大约为 60 ms，与人工操作的反应时间相当，这样就有效地兼顾了命令的正确传递和必要的响应速度，提高了高压电接通过程的可靠性。

引入预充电电阻，目的就是在安全接通高压系统前，正确感知输出线路是否存在负载过大甚至可能短路等故障。对高压输出端实行预充电，可有足够的时间来实时检测预充电过程中高压回路中电压与时间的变化关系，并据此来判断输出线路的状态，以确定下一步的控制操作是完全接通还是禁止接通。这种直流电源与负载接通过程的安全控制，可以最大程度地避免高压用电器的永久性损坏，及时告知驾驶员进行必要的车辆维护。

（五）运行过程中绝缘电阻的安全诊断

电动汽车在行驶过程中，由于振动、冲击以及动力电池腐蚀性液体、气体等的影响，使高压电路与电底盘等低压电路之间的当量绝缘电阻成为一个动态变化的物理参量，其大小与高压电路回路中高压用电器的多少及用电的状态有关。因此，对高压电绝缘状态的在线动态检测是安全诊断的关键，它综合了蓄电池主供电回路、高压电回路、电机驱动系统等高压用电器与汽车车身之间的绝缘状况。

在出现绝缘故障时，首先启动故障诊断程序来对故障进行分级，通过判断故障的变化趋势来确定故障是渐进变化而来，还是突发产生。若故障是突发产生的，则迅速启动 CAN 事件帧通知上级控制器否则仍然按既定的时序通报给上级控制器，上级控制器应当反馈相应的处理结果。

（六）断开过程的控制策略

在正常或在无重大故障时，与接通过程一样，接收请求断开的命令也需要一个确认的过程，同时保证命令的正确传递和必要的响应速度，避免电动汽车正常行驶时的非正常断开，以提高工作可靠性。而当高压电系统存在故障时，如何断开供电回路，是一个非常值得仔细研究的问题。在人身安全受到威胁的情况下应当毫不犹豫地断开高压电，而在其他情况下的断开则必须服从一定的优先级，包括必须了解高压电故障的严重等级、了解整车的驱动和能源装置的运行状态并使整车控制器尽快转入非驱动状态等。其中，包括在极端情况下的紧急断开策略，考虑到行车挡位和车速的高压安全断开策略，考虑各能源装置运行状况的断开策略。而一旦断开高压供电，则必须由操作者有意识的动作进行复位，并在预定的时间间隔待原先的故障消失后才能进入下一次的接通过程。图5.14所示为电动汽车高压控制策略的流程。

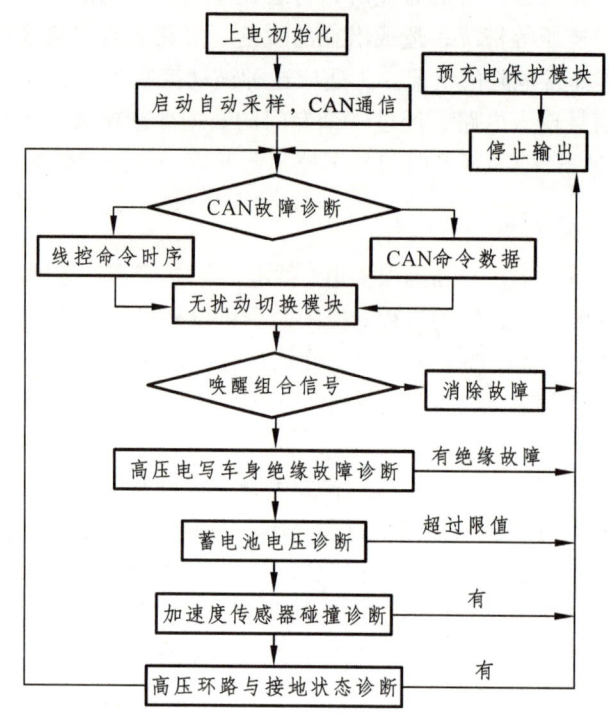

图5.14 电动汽车高压控制策略的流程

四、电动汽车泄漏电流的检测

对于泄漏电流的检测，现在普遍采用两种方法：辅助电源法和电流传感法。

（一）辅助电源法

在我国某些电力机车采用的漏电检测器中，使用一个直流 110 V 的检测用辅助蓄电池，蓄电池正极与待测高压直流电源的负极相连，蓄电池负极与机车机壳实现一点连接。在待测系统绝缘性能良好的情况下，电动汽车蓄电池没有电流回路，漏电流为0；在电源电缆绝缘层老化或环境潮湿情况下，蓄电池通过电缆线绝缘层形成闭合回路，产生漏电流，检测器根据漏电流的大小进行报警，并关断待测系统的电源。这种检测方法需要直流 110 V 的辅助电源，增加了系统结构的复杂程度，而且这种检测方法难以区分绝缘故障源是来自电源的正极引线还是负极引线。

（二）电流传感法

对高压直流系统进行漏电检测的另一种方法是采用霍尔电流传感器。将待测系统中电源的正极和负极一起同方向穿过电流传感器，当没有漏电流时，从电源正极流出的电流等于返回电源负极的电流，因此，穿过电流传感器的总电流为 0，电流传感器输出电压为 0。当发生漏电时，电流传感器输出电压不为 0。根据该电压的正负可以进一步判断产生漏电流的来源是来自正极还是负极。但是，用这种检测方法的前提是待测电源必须处于工作状态，要有工作电流的流出和流入，它无法在电源空载状态下评价电源的对地绝缘性能。

在目前的一些电动汽车研发产品中，采用母线电压在"直流正极母线——底盘"和"直流负极母线——底盘"之间的分压来表征直流母线相对于车辆底盘的绝缘程度，但是，这种电压分压法只能表征直流正负母线对底盘的相对绝缘程度，无法判别直流正负母线对底盘绝缘性能同步降低的情况。同时，对直流正、负极母线对底盘绝缘电阻差异较大的情况会出现绝缘性能下降的误判。严格地说，对于电动汽车，只有定量地分别检测直流正极母线和负极母线对底盘的绝缘性能，才能保证电动汽车的电气安全性。

五、新能源汽车的安全设计

新能源汽车的安全设计可分为 4 种：维修安全、碰撞安全、电气安全、功能安全。图 5.15 所示为新能源汽车的安全设计。

图 5.15 新能源汽车的安全设计

（一）维修安全

维修安全主要包含两方面。传统内燃机汽车的维修安全和针对新能源汽车的特殊维修安全。新能源汽车的维修安全主要是防止高压触电。

（二）碰撞安全

当车辆发生碰撞时，车辆的安全系统应当满足碰撞过程中以及碰撞后都要保证相关人员的人身安全。

（三）电气安全

新能源汽车的电气安全主要包括以下几个方面。防止人员接触到高压电、电池能量的合理分配、充电时的高压安全、行驶过程中的高压安全、碰撞时的电气安全、维修时的电气安全。

（四）功能安全

电动类型的新能源汽车，需要从以下两个功能方面采取安全设计，避免安全隐患的发生。

1. 转矩安全管理

为防止车辆出现不期望的运动，需要在整车控制器中加入转矩安全控制策略。具体转矩安全策略如下：

（1）整车控制器负责计算整车的转矩需求，计算的转矩需求的差值大于某个标定值，则认为转矩输出存在安全风险，此时整车控制器会将车速限制在安全范围内。

（2）若整车控制器的需求转矩与电机的实际转矩的差值大于某个标定值，则认为电机的转矩控制存在风险，此时整车控制器将会限制电机的转矩输出。若两者差值一直过大，则切断动力电池的动力输出。

2. 充电安全

在充电时需要防止车辆移动，以及避免快充、慢充、行驶模式之间的冲突，为此进行以下设计：

（1）只有挡位放在 P 位时才允许充电。

（2）在充电过程中，转矩需求及实际转矩输出都应当为 0。

（3）当充电枪插上时，不允许闭合控制高压电输出的接触器。

（4）当充电回路绝缘电阻小于标准要求的阻值时，应当停止充电并断开高压接触器。

项目六　动力电池的 SOC 评估和 SOH 评估

任务一　电池的 SOC 评估

新能源汽车在发展过程中，安全性是第一位的，没有安全，环保和经济性都是没有意义的。BMS 主要负责蓄电池的保护、监测、信息传输，其中保护是根据监测来判断，监测蓄电池的外部特性（如电压、电流、温度等信息）。SOC 依据这些监测的外部特性信息计算出传输信息，告知车主当前电量的同时，也让汽车了解自身电量，防止过充过放，提高均衡一致性，提高输出功率，减少冗余。系统底层内部都是经过复杂的算法计算，保证汽车安全持续稳定地运行。

一、剩余电量

（一）剩余电量与 SOC 的定义

很多时候，剩余电量与荷电状态（SOC）经常被混为一谈。然而，严格来说，其两者定义是有差别的、所采用的单位也不一致。

1. 广义的剩余电量与狭义的剩余电量

电池中电荷的剩余量，即剩余电量（Q_m），指的是从当前时刻起，某个电池内部通过化学反应所能释放出来的电荷量，可以类比于杯子里所装的水，其余量可以由杯子所能倒出的水的多少来反映。剩余电量可以用"安时"（A·h）为计量单位。

广义地说，剩余电量应该是所有可能发生的化学反应释放出来的电荷量的体现。这里所说的"所有"，是在不损坏电池的前提下，选择适当的温度和放电倍率所能放出电荷的最大值。

狭义的剩余电量，指的是在限定的温度条件和放电倍率下，电池所能放出的电荷的多少。例如在比较低的温度下，水杯有一部分的水结冰冻住了，剩余量就是能倒出来的还没结冰的液态的水全部量。可见，狭义的剩余电量应该是温度和放电倍率的因变量。

在实际工作中，广义和狭义的两种概念都会被使用到。在常温和小倍率放电的前提下，两者的值几乎是相等的，因此在传统的使用中，人们往往不加区分地把这两个概念等同起来。但对于电动汽车的动力电池而言，由于汽车的工作环境温度变化可能较大，而且放电倍率也比较大，因此，我们在使用过程中应该清醒地意识到所指的剩余电量是以上广义和狭义具体的哪一种。

2. SOC 的经典定义

电池的荷电状态（State of Charge，SOC），顾名思义就是指电池中剩余电荷的可用状态，一般用百分比来表示。而最经典的 SOC 的定义可以用以下式子来表示：

$$SOC = 电池中剩余的电荷余量/电池的标称（额定）的电荷容量 \times 100\%$$

一般 SOC 的定义是为了准确计算电池的容量，即预测电池的剩余能量。SOC 是描述蓄电池状态的一个重要参数，通常把一定温度下蓄电池充电到不能再吸收电量时的电量状态定义为 SOC=100%，而将蓄电池再不能放出电量时的电量状态定义为 SOC=0%。

若没有准确的 SOC，会出现的情况：

（1）过充/过放导致蓄电池寿命缩短，或发生故障等。

（2）均衡的一致性效果不理想，输出功率降低，动力性能降低。

定义 SOC 首先必须确定基准容量，从理论上讲，SOC 应当是剩余容量与电池实际容量的比值。电池的实际容量是一变量，每一次测试结果均会有不同，而且随着电池寿命的延长，实际容量会有所下降。

在实际应用中又不可能预知电池的实际容量，例如混合电动车中，不可能每次测试电池组的实际容量，以此作为基准容量没有实际应用意义。所以一般以电池的额定容量或标称容量来作为基准容量，此值为一固定值，实际操作方便，利于计算，但存在其他问题：一般新电池的实际容量要高于电池的额定容量，这样计算出来的 SOC 数值大于 1。当电池组处于寿命后期，电池的实际容量又会比额定容量低，计算出来的 SOC 数值又会小于 1，所以需要根据实际应用情况或 SOH 等信息对基准进行修正。

（二）剩余电量及 SOC 概念的正确理解

要正确理解剩余电量的概念，需要注意以下几个问题。

1. 标称容量与实际最大电荷容量有区别

表 6.1 给出的是 A、B、C 三个厂家所提供的全新的电池样本的实际电荷容量与标称值之间的对比。

表 6.1　三个全新电池样本实际电荷容量与标称值对比（测试温度 25 ℃，放电倍率 0.02 ℃）

单位：A·h

项目	A 厂家样本	B 厂家样本	C 厂家样本
标称容量 Q_{rated}	100	100	100
实际最大容量 Q_{tnu}	115	103	83

从表中可见，电池所能放出的实际电荷量与标称值并不完全相等。另外，随着电池的老化，电池所能放出的实际最大电荷量也在不断变小。

因此，在实际工作中，给出两点建议：

第一，SOC 公式中的分母可以采用实际最大电荷容量，前提是这个实际最大电荷容量是可以准确获得的，这可以通过经常对电池进行评测，不断对实际最大容量进行校准来获得。

第二，在实际最大电荷容量不可准确获得的情况下，应采用标称量，因为标称量是不随时间等因素变化的，容易通过 SOC 的值换算出剩余电荷。当然，采用标称量作分母可能导致某些时候 SOC 的评估值会出现大于 100% 的情况，这是允许的。

2. 剩余电荷受多种因素影响，并不能完全释放。

一般而言，SOC 公式的经典定义中的分子指的是广义的剩余电量。然而，广义的剩余电量受多种因素影响，并不能完全释放。

如果剩余电量的评估是为了估算电动汽车所能行驶的剩余里程，使用广义的剩余电量的概念是不合适的。从放电倍率特性测试的结果来看，某一个动力电池在某一时刻所带的剩余电量虽然是一定的，但它们并不一定能完全以电动汽车所需求的功率释放出来。

这可以类比在日常生活中，我们使用手机时在手机"低电"报警状态下，一打电话就马上自动关机，但如果重新开机以后，又可以继续待机一段时间。这说明电池里面并非没有剩余电荷，而是剩余电荷不能按照用户的需求以较大电流释放出来。表 6.2 为某厂家标称为 100 A·h 的一个新的动力电池样本在不同温度、不同放电倍率条件下实际可放出的电荷数量。

表 6.2 同一电池样本在不同温度下以不同倍率放电的容量

环境温度	放电倍率（电流）		
	0.2C（20 A）	0.5C（50 A）	1.0C（100 A）
25 ℃	110 A·h	105 A·h	100 A·h
40 ℃	112 A·h	108 A·h	103 A·h

从表中可以看出，一个充满了的电池所能放出的电荷的最大值受放电倍率、环境温度等因素影响，不是一个恒常的值，也不能完全等同于标称容量。

二、SOC 几种经典的评估方法

SOC 的精确估算意义重大，对车主而言，SOC 直接反映的是当下的电量状态，这影响着还能行驶多远的距离，是否能顺利抵达目的地。对蓄电池本身而言，SOC 的精确估算涉及开路电压、瞬时电流、充放电倍率、环境温度、蓄电池温度、停放时间、自放电率、库伦效率、电阻特性、SOC 初值、DOD 等的非线性影响，而且这些外在特性彼此影响，彼此也受不同材料、不同工艺等的影响，所以精确估算 SOC 数值非常重要，其算法也是相关企业的核心竞争力之一。

目前，SOC 主流估算方法有放电法、安时积分法、开路电压法、神经网络法、卡尔曼滤波法。

（一）放电法

放电法即是对蓄电池做放电实验，以放出电量的多少判断蓄电池容量，但实际行车情况中用来行驶的是剩余电量，无法单纯以放电结果作为电量预估标准。

（二）安时积分法

安时积分法是通过初始状态与运行状态下电流对时间的积分来计算当前电量，其公式如下：

$$SOC(t) = SOC(t_0) + \frac{1}{C_N}\int_{t_0}^{t}\eta \times idt$$

式中　C_N——蓄电池额定容量；
　　　η——充放电效率；
　　　i——电流。

当前 SOC 精度主要依赖初始 SOC 和瞬时电流的精度，但是随着时间延长，误差累积严重，且无法单独修正。

（三）开路电压法

开电压法是根据静止开路电压与 SOC 的对应关系来计算的，开路电压与 SOC 的关系如图 6.1 所示。

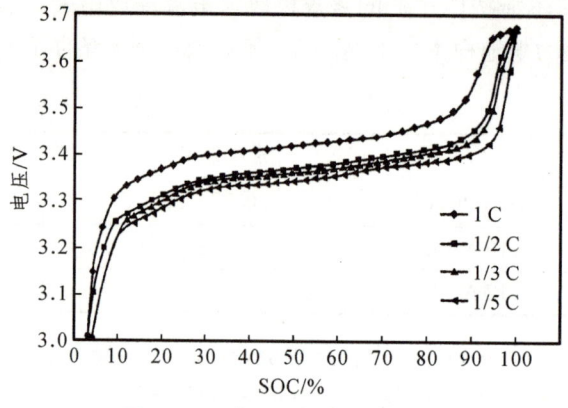

图 6.1　开路电压与 SOC 的关系

准确的开路电压需要一段时间静置恢复，因为充电和放电过程会让蓄电池内部化学反应持续一段时间，延长部分极化状态，形成极化电势，提高和降低瞬时开路电压，使单纯的开路电压在实际运行状态下受到行车干扰而不准确。故运行状态下测得的开路电压只能作为参考，并不是真实的开路电压。

（四）神经网络法

神经网络法由局部电压、电流、温度、内阻等各种瞬时数据组成输入层，由自动归纳规则组成隐层，其数据通过系统模型的输出层收敛和优化计算出瞬时 SOC，如图 6.2 所示。其各层信息互不通信，并无联系，目前达到商业标准的收敛、优化、建模技术还没有实际解决，且该方法成本高，稳定性差，技术还在研究阶段。

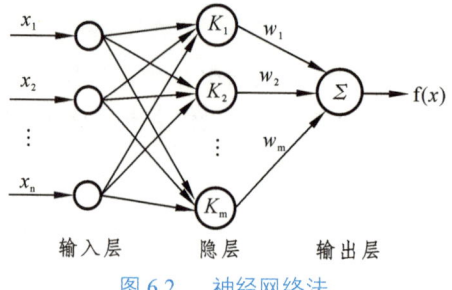

图 6.2　神经网络法

(五）卡尔曼滤波法

卡尔曼滤波法是基于最小均方差的数字滤波算法，用于最优估算动态系统状态。其优点是对初始误差有很强的修正作用，缺点是需要较强的数据处理能力，准确度由蓄电池模型决定，目前研究热度很高。

目前，主流的方法是安时积分法和开路电压法结合，实践起来较为容易，乘用车上的误差可以控制在5%以内。

安时积分法和开路电压法影响因素也非常多，对这些因素进行分析有利于深入了解蓄电池特性，也有利于不断提高和改进SOC估算的算法。SOC估算时需要根据影响因素确定修正系数。开路电压、瞬时电流、充放电倍率、环境温度、蓄电池温度、停放时间、自放电率、库伦效率、电阻特性、SOC初值、DOD以及材料特性和工艺等因素，共同决定和影响SOC状态。

开路电压是指蓄电池未接负载时两端的电压值。由于开路电压稳定值与SOC的大小存在对应关系，特定的蓄电池批次产品能通过拟合开路电压与SOC的数值关系，根据电压来判定SOC值。实际运行过程中，温度越高，开路电压越高，这是因为，温度升高，电解液黏度降低，介电常数提高，内阻降低，电压升高；温度降低情况相反。内阻与SOC的关系如图6.3所示。

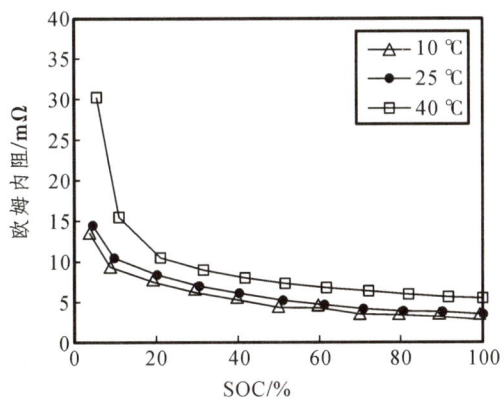

（a）欧姆内阻与SOC的关系

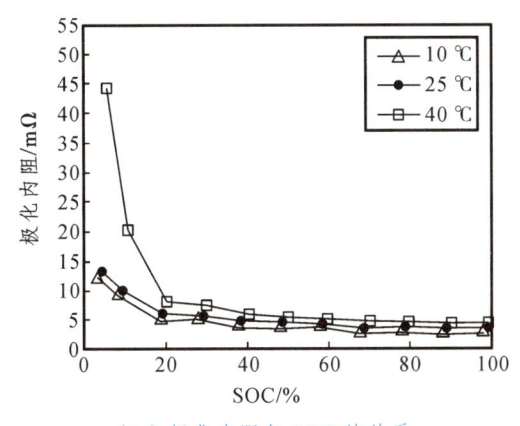

（b）极化内阻与SOC的关系

图6.3 内阻与SOC的关系

内阻越低，开路电压越高。充电使开路电压变高，因为受到电极极化影响，电化学反应速度赶不上充电电荷传递速度，形成极化电势，使充电过程中和结束后一段时间开路电压高于稳定值。倍率越大，极化电势越大，瞬时电压与真实电压误差越大（这也是为何大电流充电电量不经用的原因——高倍率充电状态的电压值短时间偏大导致 SOC 值偏大，此时 SOC 值如果未计入高倍率充电误差系数将会失真严重），放电情况相反。

瞬时放电电流高，电子迁移出去但正价锂离子还未迁移出去，使负极电势提高；正极得到电子但正价锂离子还未嵌入，使正极电势降低，两者共同作用，使总开路电压降低。这种情况倍率越高越明显，瞬时放电相反。

温度越高，内阻越低，电解液离子迁移速度快，电极活性提高，可以提高蓄电池的量和输出功率。实际 SOC 因温度升高而升高，温度降低而降低。

停放时间长会使蓄电池极化电势衰减、自放电导致电量降低。当时间足够长，时间与自放电率的乘积便是电量修正减值。

库伦效率是放出电量与充电电量的比值，库伦效率越高，蓄电池稳定性越好，容量折损越少，使用寿命越长。库伦效率与温度、倍率放电、放电深度（DOD）、循环次数等有关。

SOC 初值直接影响瞬时 SOC 的估算，一般在蓄电池均衡后标定 SOC 初值。

放电深度（DOD）不同，稳定开路电压值也不同，过度充放电会造成蓄电池不可逆的容量损失，直接降低蓄电池整体容量。

内阻分交流内阻和直流内阻。功率和容量主要受直流内阻影响。直流内阻又分为欧姆内阻和极化内阻。欧姆内阻受电极材料、电解液、隔膜等影响；极化内阻分为欧姆极化、活化极化、浓差极化内阻，极化内阻与材料、工艺和工作条件密切相关。

工艺一方面（比较重要的工艺有散热工艺、电解液体系、压实密度等）影响材料特性和环境温度，另一方面也直接影响蓄电池的一致性，一致性越好，SOC 的标定也越准确。

总体来说，SOC 的影响因素是非线性互相影响，精确标定 SOC 非常困难。精确标定的 SOC 能提高蓄电池使用寿命，提高输出功率，提高经济性和降低维护成本。除此之外，精确标定 SOC 也能保证蓄电池的安全。

当然除去上述几种方法，还有其他的方法，表 6.3 列出了常用的几种 SOC 估算方法。

表 6.3 各种 SOC 估算方法

方法	应用领域	优点	缺点
放电试验法	适于所有电池系统，用于使用初期判断电池容量	易操作且数据准确，与 SOH 无关	无法在线测量，费时，改变电池的状态，有能量损失
电解液特性法	铅酸，锂电池，Zn/Br	可在线测量，并给出 SOH 信息	有酸成层现象时将出现错误，动态响应慢，在电解液中传感器存在稳定性问题，对温度和电解液纯度敏感
开路电压法	铅酸，锂电池，Zn/Br	可在线测量，成本低	动态响应慢，有酸成层时将出现错误，电池需要很长时间静置，有附带问题（如铅污染）

续表

方法	应用领域	优点	缺点
负载电压法	铅酸、Ni/Cs、MH/Ni、锂电池	可在线测量，成本低	数据采集和存储量大，变电流情况下的数据处理较难
安时计量法	适用所有电池	可在线测量，易操作，精度高	需要有反映损失的模型，对干扰比较敏感，电池精确测量成本高，需要规则地重新标定数据
直流内阻法	铅酸、Ni/Cd	可在线测量，易操作，能给出SOH信息	只适用于低SOC状态
阻抗频谱法	适用所有电池系统	能给出SOH信息，可在线测量	对温度敏感，成本高
人工神经网络	适用所有电池系统	可在线测量	需要相近电池的训练数据
卡尔曼滤波器	适用所有电池系统	可在线测量	需要大量的计算能力、合适的电池模型，确定内部参数困难

三、影响电池 SOC 的主要因素

准确的 SOC 估算比较难实现，并且电池外部特征与 SOC 的关系呈现局部非线性，这是因为 SOC 估算受到多种因素的影响。这些影响 SOC 估算的因素主要包括充放电电流的大小、自放电、温度、电池老化等。

（一）充放电电流的大小对电池 SOC 的影响

通过试验研究发现，在相同的试验条件下，采用不同倍率的电流对电池进行充电，随着充电电流的增大，电池的充电效率会有所下降，即充入电量与电池实际吸收电量之间的差会越来越大。同样，在相同的试验条件下，采用不同倍率的电流对电池进行放电，随着放电电流的增大，电池的放电效率也会有所下降，即输出电量与电池实际放出电量之间的差会越来越大。

若电池的充、放电电流值不是很大，则电池的充、放电效率受充、放电电流值的大小影响很小，可以忽略不计。但若电池的充、放电流电流值过大，则再进行 SOC 计算时该因素不能忽略。

（二）自放电对电池 SOC 的影响

自放电是电池的固有特性，自放电率的大小一般由实验测得，自放电率的大小受环境温度、电池老化程度等因素的影响。电池充满电以后长时间放置，电池自放电损失电量较多，当电池在充满电后长时间（时间大于一周）不用时，计算 SOC 时应进行自放电系数修正。如电池在充满电后搁置时间较短，电池在使用过程中由于内部的化学反应存在某些不可逆因素，导致电池的性能（容量和电压）会随着电池的老化而下降，在电池的使用后期尤为明显。老化的影响在进行 SOC 判断时必须结合 SOH 校准。

(三) 温度对电池 SOC 的影响

由于温度可直接影响电池内部化学反应的进行，所以电池的温度直接影响了电池的工作状态及电池的 SOC 估算。随着电池温度的升高，其内部发生的化学反应变得剧烈，锂离子活性增强，这样可以提高电池的实际放出的电量。不过过高的温度会抑制电池内部的化学反应，造成电池性能下降，严重时可能引起电池爆炸。反之，当温度降低时，电池内的化学反应减弱，锂离子活性减小，实际放出的电量将会减少。如磷酸铁锂电池工作的最佳温度范围为 0～45 ℃；对于 NiMH 电池，温度高时充电效率降低。充电效率的变化对实际应用中 SOC 的累积偏差带来较大影响，实际应用中必须进行温度影响修正。

(四) 电池老化

电池所能承受的最大循环次数为电池的循环寿命。电池每完成一次充电放电即为一个循环，随着电池的不断地循环使用，电池会不断老化。电池老化会增大电池的内阻，导致电池的容量逐渐减少。

(五) 其他情况

除上述几种因素外，其他还有一些因素会影响电池的 SOC，如电池内阻、电池初始 SOC 状态、电池内压、电池的一致性等。

四、SOC 评估的困难分析

SOC 是动力电池的关键指标之一，新能源汽车的很多整车策略，都是以电池的 SOC 为基础来制定。这就要求，对动力电池的 SOC 估算必须是准确的。然而实际情况下，电池 SOC 的准确估算，还存在诸多的困难与挑战。

(一) 电池的不一致性对电池剩余电量的评估造成的困难

动力电池在制造过程中，由于材料、工艺等各方面的差异，导致不同批次的电池之间，甚至同一批次的不同电池之间存在较大的差异性，这样的差异对电池剩余容量的评估造成了一定困难。原因主要在于以下两个方面。

1. 样本与实际的不一致

目前的剩余电量评估算法，基本上都是基于电池样本特性的，以样本的特性来类比实际工作中电池的特性。因此，样本电池与实际电池的不一致性，将会影响电量评估的精度。以下是两种常见的情况。

(1) 采用电荷累积法评估电池的剩余电量，其容量非一致性就会导致评估不准。例如样本电池的容量是 100 A·h，而实际电池的容量为 105 A·h，那么，当用电荷累积法算得某次实际过程中累计放出的电量为 95 A·h 时，根据样本容量，剩余电量应该为 5 A·h，而实际电池的剩余容量是 10 A·h。

(2) 采用开路电压法来评估 SOC，其依据为电池样本的 SOC-EMF 曲线，即通过测量实际电池的开路电压，通过曲线反求实际电池的 SOC 值。然而，由于实际电池与样本电池的特性曲线的不一致性用开路电压法评估得到的 SOC 值将会存在误差。

2. 电池组内各电池不一致

在实际工作中，有以下三种情况值得注意：

（1）在电池管理系统中，如果对每个电池都进行评估，则需要耗费大量的时间。另外，如果对每个电池都进行较为精密的电压采样，则需要的器件费用较为昂贵。为了解决这两个矛盾，有些电池管理系统中仅对整个电池组内的若干个电池进行采样，从而推算出整个动力电池组的剩余电量。这样的做法极大地节约了电池剩余容量的评估计算时间和器件成本，然而，由于组内电动汽车电池存在一定的不一致性，其评估结果中难免存在一定的误差。

（2）在电动汽车的工作过程中，由于电池在电池箱内的位置差异，各电池的吸热与散热状况不一致，而温度又将对电池的剩余电量乃至循环寿命产生较大影响。因此，在某一时刻，电池组内电池的剩余容量与健康状况都存在一定的差异。如果用统一的方法对剩余容量进行评估将造成较大的误差。

（3）电动汽车电池组在使用一段时间以后，有时需要对个别性能特别差的电池进行替换，一旦进行替换以后，新电池与组内电池的不一致将使得 SOC 的评估更加困难。

（二）电池状态监测不准确对评估造成的困难

剩余电量并非一个可以直接检测的量，而需要通过电压、电流等状态的测量值来进行间接估算，由于电池状态检测环节的误差是不可避免的，因此，电池剩余量评估的误差也是不可避免的。电池状态监测不准确性的主要表现在两个方面。

（1）由传感器精度引起的状态检测不准确。在电压、电流等物理量的检测过程中，误差是不可避免的，由此导致 SOC 评估的困难。

（2）由电磁干扰引起的状态监测不准确。

（三）未来工况的不确定性对 SOC 评估造成的困难

在电动汽车工作过程中，可能的工况是千变万化的，驾驶员无法预知下一时刻的工作状况，这对 SOC 评估造成了一定的困难。

（1）剩余电量受多重因素影响，并不能完全释放。例如，在实际工作过程中，若未来时刻需要放出的工作电流较大，电池组实际可放出的电荷较多。除工作电流外，电池组的工作温度也将对电池可以释放的最大电荷产生影响。

（2）在剩余电量一定的前提下，电池组实际可以放出的能量是不一样的。定性的情况是，电池工作温度不变，内阻维持不变，工作电流越大，电池组可以放出的能量就越少，电动汽车的续航里程就越短。同时，若电池的工作电流一定，工作温度越高，电池内阻越小，电池组可以放出的能量就越多，续航里程就越长。

（四）对电池历史的不明确对评估造成的困难

动力电池的使用历史对当前容量的评估也是有影响的。然而，要了解动力电池的历史又是比较困难的。不了解动力电池的过去，就难以对其现状进行评估。

1. 了解动力电池的历史对剩余容量评估的重要性

动力电池是一种化工产品，电池的许多特征量都是过程量，与其过去的使用历史相关。了解动力电池的历史对其剩余量的评估是重要的，原因有如下 3 个。

（1）动力电池的电动势具有滞回效应。电动势对剩余容量的评估具有重要的意义，因此，某一时刻电池的电动势取决于在此之前相当长时间内的充电放电操作，而如果这些历史数据不充分，则难以估计当前电池的电动势，从而，难以通过工作电压或开路电压对电池的剩余容量进行评估。

（2）由于极化电容效应，动力电池的开路电压常常具有回弹性。从前面的项目可了解到，当电动汽车静止不动的情况下，工作电流接近为零。此时电池的电压不一定稳定，由于极化电容的存在，电池的电压将有一段时期会回弹变化，如果没有了历史数据，则难以判断电池的电压回弹行为是否已经结束，从而难以通过电压来估算电池当前的剩余电量。试想一下以下情况：驾驶员刚刚停好车拔掉钥匙，BMS 停止工作，但他马上想起来有事情没有办完，马上又插上钥匙发动汽车，BMS 重新工作，重启的时间与上次停止工作的时间不超过 10 s。此时，如果 BMS 不了解电动汽车的工作历史，则会认为此时电池的电压是没有回弹动作的，从而会利用此时的开路电压对电池的 SOC 值进行校正，将会引起较大的误差。因此，这里建议，对于电动汽车的 BMS 而言，必须记录上一次电动汽车的停车时间，以便通过开路电压法来校正 SOC 的值。

（3）电池的 SOH 与历史有关。电池在出厂以后，其性能将随着时间单调衰减，也就是说电池的 SOH 值不断减小，而 SOH 对于 SOC 的估算有着重要的意义。可见，掌握电池的使用历史，可以精确地把握 SOH 值，从而对 SOC 的精确估算有利。

2. 完全掌握动力电池的历史是困难的

从前面的叙述可知，尽可能多地掌握动力电池的历史信息对电池剩余容量评估的准确性有着重要意义。然而，完全掌握动力电池的历史是困难的，原因在于 3 个方面。

（1）完全获取每个电池的历史信息是困难的。获取每个动力电池的历史信息，就意味着要对每个电池每时每刻的电压、电流、温度信息进行监控，但并非每个电池管理系统都具备充分的 BMC 来完成此项任务。例如，许多电池管理系统并不能做到对每个电池的温度信息进行实时采集，从而无法获得每个电池的历史信息。

（2）对每个电池所有的历史信息进行保存是困难的。一方面，保存数据需要占用 BCU 的资源而一般电池管理系统的 BCU 都采用嵌入式系统来实现，系统资源稀缺，为保存数据占用大量 BCU 资源将影响电池管理系统的其他功能；另一方面，保存所有的历史数据需要大量的存储体，对于嵌入式系统而言并不现实。

（3）即使记录了电池全部的历史，在实际工作中，要处理这些数据也需要较大的运算量，由于剩余电量是需要实时估算的，对于电池管理系统而言几乎是不可能的。

五、剩余容量评估需要考虑的实际问题

（一）针对汽车安全性的问题

对于汽车而言，保证安全是第一位需要考虑的，因此，剩余容量的估算误差绝对不能威胁到人和车的安全。不妨考虑两种情况：

（1）对于一部完全充满了电的电动汽车实际 SOC 为 100%，由于评估误差，SOC 的估算值为 90%。此时，电动汽车下滑一个较长的斜坡，根据估算的 SOC，电池未满，可以进行能量回收。因此 BMS 向其他控制系统发出"允许充电"的信息，一部分机械能转化为电能对

电池进行充电，从而电池过充，轻则对电池造成了不可逆转的伤害，导致电池性能下降，严重的可能造成电池爆炸等安全事故。

（2）对于一部实际剩余 SOC 只有 5%的电动汽车，由于评估误差，SOC 的估算值为 10%。此时，驾驶员从仪表中读取到了"10%"的错误信息，他根据以往的经验判断汽车能够正常行驶回家。然而，实际情况是，由于 SOC 的估算值存在误差，汽车可能行驶到离家几百米的地方再也没有办法向前开动了。

从上面的分析可知，SOC 虽然重要，然而，其估算误差也是在所难免的。因此，以下针对汽车的实际工作给出两条建议：

（1）针对汽车安全性设置冗余。冗余设计在汽车设计中是经常采用的。例如，针对电机系统使用一段时间以后可能出现的性能退化，在设计电动汽车电机的时候常常需要有一定的动力冗余。电池管理系统也应该有针对性设置一些冗余，例如通过对 SOC 的估算值做线性变换，把变换后的结果显示到仪表中，即 SOC 的估算值为 10%的时候，显示 5%，而 SOC 的估算值为 95%的时候显示为 100%。这样不仅通过了冗余保证了电动汽车的行驶安全，实际上也减小了电池的充放电深度，对延长电池的循环寿命有利。当然，具体的线性变换算法，要根据电池管理系统的 SOC 评估误差来标定，需要大量可靠的实验数据。如何评测一个 BMS 的性能，又是一个非常值得深入探讨的话题，限于篇幅，本书在此不展开阐述。

（2）BMS 中必须另外设置一套不依赖于 SOC 的保护机制。虽然，SOC 评估对电池管理系统的多个其他功能有着重要的指导意义，也常常是 BMS 安全保护功能的重要参照指标。然而，在进行电池管理系统设计的过程中，必须设置一套独立于 SOC 评估的安全保护机制。原因有二：其一，如果把 SOC 作为安全保护的唯一准则，则评估的误差将对汽车安全造成影响，然而，如前面分析所述，SOC 评估的误差是不可避免的，则汽车必然存在安全隐患；其二，有些故障或者事故发生速度很快，系统还来不及完成状态监测、信息运算等处理，因此，多设置一套简单可靠的保护机制，将对电动汽车的安全具有重要意义。

（二）实现可行性问题

剩余电量的估算要做到 100%精确是非常困难的，但是可以在一定条件下提高估算的精度。然而，精度的提高需要兼顾系统的可行性，包括技术可行性与成本可行性两个方面。

1. 从软件算法的角度，考虑技术可行性

随着数字信号处理技术与人工智能科学的发展，有许多复杂的算法被提出，提高了数值处理的准确性。然而，对于电动汽车而言，剩余电量估算的算法不能过于复杂，因为 BMS 基本上都依赖于嵌入式系统，运算能力有限，内存空间也有限。这要求电池管理系统的设计者要针对嵌入式系统选择合适的算法，使得系统能有效地对剩余电量进行实时评估。

2. 从硬件的角度，须考虑成本可行性

无论软件算法多么精妙，剩余电量的评估还是离不开对电池状态的准确检测。而检测的准确性主要依赖于硬件。诚然，选择高精度的硬件，增加传感器的数量，对剩余电量的评估有着积极的意义，但是硬件数量和质量的提升不可避免地带来了成本的增加。因此，需要在硬件成本与估算精度之间做出取舍。

3. 针对驾驶员需求的实际问题

进行剩余电量或 SOC 评估的其中一个重要目的，就是通过仪表盘向驾驶员报告电池组的状态，以帮助驾驶员判断当前车辆还能行驶的里程数并选择合适的充电时机。因此，在选择剩余电量评估算法的时候，必须要考虑到汽车驾驶员的需求。以下是需要考虑的一些实际问题。

1）显示的信息量及其准确性

如前所述，对于驾驶员而言，剩余电量及预估的剩余里程数是其所关心的信息。然而，可以用剩余电量（A·h）的形式或者 SOC（%）的形式向驾驶员显示电池组的剩余电荷。那么，到底应该显示一个安时数还是应该显示一个百分比呢？试想以下两种情况：

（1）一个普通驾驶员对安时数可能没有任何概念，如果告诉驾驶员当前电动汽车的剩余电量为"10 A·h"，驾驶员将无法判断 10 A·h 对应多少能量。

（2）对于工作在平台区的动力电池组，驾驶员对于 SOC 的误差并不敏感。例如，在电动汽车的行驶过程中，仪表显示"70%"的 SOC 与显示"75%"的 SOC 差别不大。

因此，目前许多大型汽车厂商在设计电动汽车仪表的时候，都以较为直观的图形分度来显示电池组的剩余电量，从而使得剩余电量的显示与传统汽车的油量表相当，更符合传统汽车驾驶员的驾驶习惯。采用图形分度的方式来显示剩余电量虽然把一个本应精确的值变得模糊，但并无不妥，因为其实当前有许多电子产品，如手机等，都是用分度格来显示剩余电量的，人们在使用过程中也并不感觉到不方便。

2）考虑驾驶员的主观感受

剩余电量评估的误差是不可避免的，同时驾驶员也无法判断 BMS 所采用的剩余电量评估算法是否准确，但是，驾驶员将会用自己的主观感受来判断剩余电量的评估是否可靠。试想以下四个方面的情况。

（1）对驾驶员而言，显示的数据不能有太大的跳跃性。例如，某个 SOC 评估算法的误差不越过满量程的+3%，这是一个精度非常高的评估算法。如果当前真实的 SOC 为 70%，某一时刻通过该算法评估得到的 SOC 值为 72%，过了 10 s，利用该算法评估得到 SOC 的值为 68%。从理论上来说，这两个估算值的误差都并不大，但是，如果把这两个都显示到仪表上，驾驶员会因为短短 10 s 电池损失 4% 的电量感到非常吃惊。由此可见，对于电动汽车而言，精度并非评判一个 SOC 算法的唯一标准。

（2）非正常的数值回弹将影响驾驶员对系统的信任度。例如，某个 SOC 评估算法的误差不超过满量程的 3%，是一个精度非常高的评估算法。某一次行驶过程中，电动汽车正在正常往前行驶，不存在制动能量回收，如果当前真实的 SOC 为 70%，某一个时刻通过该算法评估得到的 SOC 值为 69%，过了 10 s，利用该算法评估得到的 SOC 值为 71%。从理论上来说，这两个估算值的误差都不大，而且数值波动也不大，然而，在短短的 10 s，SOC 出现 2% 的正跳变，这将使驾驶员对系统产生较大的不信任，因为此时汽车正在向前运行，SOC 值不应该出现增长。

（3）在电池组的放电末期，驾驶员对误差的敏感程度上升。如果说，当电池工作在平台区（15%～90%）时，驾驶员对于剩余电量的评估误差并不敏感的话，在电池组放电末期，驾驶员对于电池剩余电量评估误差就会非常在意，因为这直接影响到驾驶员对汽车能否在电量消耗完之前到达目的地进行判断。

（4）所显示信息的均匀性。需要考虑以下事实：对于一个实际容量为 100 A·h 的电池组，前 50 A·h（对应 SOC 为 50%~100%）与后 50 A·h（0%~50%）所能释放出来的能量是不相等的。如前面的 SOC-EMF 曲线可知，对于同样大小的工作电流，前 50 A·h 所对应的电池电动势较高，所能释放的电能较多，后 50 A·h 所对应放出来的能量较少。如此一来，相同的 SOC 减少量所对应的电动汽车行驶里程数是不一样的。例如，电池从 100% 衰减到 50% 的过程中，车辆行驶里程为 100 km，并不意味着电池从 50% 衰减到 0 过程中，车辆的行驶里程也可以是 100 km。但普通驾驶员并不具备这方面的经验，会认为整个过程都是均匀的线性对应关系。因此，电池管理系统的设计者必须考虑到这样的实际情况。

六、SOC 的校正

在目前的应用中，对 SOC 精度要求比较低的管理系统一般可以采用简单的开路电压法，而对 SOC 精度要求比较高的系统，通常选择库仑计量法。库仑计量法关键是应用过程中的校正，目前常用的方法是采用电压校正、开路电压法相结合，检测精度有所提高。

（一）开路电压校正

利用开路电压法或者应用工况中充放电电流比较稳定的时间段的系统电压情况来进行校正。

（二）温度影响的校正

SOC 的判定依靠电压、内阻、充电效率等参数，而温度对这些参数有显著影响。表 6.4 为在混合电动汽车应用中某一类 Ni/MH 电池的温度校正系数。

表 6.4　在混合电动汽车应用中某一类 Ni/MH 电池的温度校正系数

序号	温度范围/°C	校正系数 KT/°C	序号	温度范围/°C	校正系数 KT/°C
1	小于-30	0.75	5	30~50	0.85
2	-30~-20	0.8	6	50~65	0.6
3	-20~0	0.88	7	65 °C 以上	0.55
4	0~30	1			

（三）自放电校正

各类电池的自放电是不相同，即使同一类型的电池，不同厂家生产的电池自放电也是不一样的。自放电的校正可以根据实际测试结果来进行。一般在部分荷电状态下（50%~60%，尤其对于混合电动汽车应用），常温下搁置一定时间（4 天），计算其自放电率。测量不同温度下的自放电情况来进行校正。

任务二　电池的 SOH 评估

一、电池 SOH 的定义

SOH（state of health），表面指电池的健康状况，包括容量、功率、内阻等性能，更多情况下是对电池组寿命的预测，通常认为是指测量的容量与额定容量之比。测量的容量是在标准放电条件下全充满电池的放电容量，是电池寿命情况的一种反映。在纯电动车中可以用此来进行表述，因为纯电动汽车应用基本上是全充全放状态，每次可以进行相互比较。而在混合电动汽车中，使用的只是中间部分的荷电状态，电池容量在应用过程中是无法进行检测的，并且人们关注的是电源系统的输入、输出功率能力的变化。但功率能力也是不能正常检测的，只能通过系统的直流内阻来反映，所以在混合电动车的应用中，更多以电池内阻来反映电源系统的 SOH。

SOH 描述的是一个缓慢的和不可逆的变化过程，随着循环使用次数的不断增加，电池组的健康状况会有下降的趋势。实际上这种下降趋势主要受到健康状况下降最严重的单体电池的影响，因此通过电池管理系统准确对电池组的健康状况进行估计，对健康状况下降达到临界值的单体电池予以更换，可以有效延长电池组的使用寿命，节约成本，有很高的经济价值。同时，这也为动力电池的荷电状态估计、电池均衡系统等方面提供参考依据，对推动电动汽车事业的发展具有重要意义。

动力电池的 SOC 和 SOH 是电池的两个重要状态，然而与 SOC 的研究相比，有关 SOH 的研究相对滞后，估计方法也不太成熟。目前，有关 SOH 的估计方法主要分为传统和现代两类。传统的方法主要是以电池循环充放电试验为基础，对电池特性的变化情况进行分析，从而估计电池的 SOH，其缺点是造成浪费、试验周期长、不能在线实时测量等，不符合电动汽车的使用要求；在传统方法的基础上人们又研究了现代方法，该方法以不同的电池模型为基础，应用模糊逻辑算法、神经网络算法或者卡尔曼滤波算法等先进算法对电池的 SOH 进行估计，并且收到了很好的实用效果，其中应用卡尔曼滤波算法估计电池的 SOH 备受关注。

对于电池寿命的预测，沈稼丰、董艳杰等做了关于铅蓄电池的容量测试和寿命预测，他们采用简单的梯形积分法解决变负载的容量测试，认为铅酸电池的容量是以指数形式衰减的，运用最小二乘法将实际的容量检测点拟合成一条近似直线的曲线，从而很好地解决了铅蓄电池的早期寿命预测，也为其他类型的蓄电池寿命预测提供了思路，得出了只要蓄电池容量的衰变有一定规律可循（并非一定是直线），仍可用曲线拟合的方法来求出一些特定的参数进行预测的结论。

董明哲在充电电池容量预测的算法研究中，以模式识别为指导思想，认为充放电特性一致的电池在化学特性上具有较高的一致性。因此，根据电池充放电特性及其在一定倍率下恒流充放电时的电压曲线，如果未知容量电池的波形和已知容量电池的充放电电压曲线在允许范围内相匹配，则认为未知电池容量与已知电池容量一致的原理。借助 MATLAB 软件，提出了采用统计模式识别方法实现按电池充放电压特性曲线进行波形识别，实现数学模型的自动建立，即当采样数据足够（采样的数据越多，其结果越准确）时，通过数学模型方法，来预测出充电电池容量。蒋春林等研究的用内阻法预测阀控铅酸蓄电池故障，是通过对免维护电动汽车电池主要故障机理的深入研究，发现免维护电池失效模式为：热失控、极栅板的腐蚀、负极板连接条的腐蚀、电解液水分损失等，而这些故障均影响到蓄电池内阻的变化。因此认为根据电池内阻的变化可以检测出影响电池性能的所有问题。利用电池内阻预测单体电池故障是非常有效的，此方法可以替代电池容量试验法。试验得出当电池内阻值增大25%左右时，预示电池有潜在的故障；当内阻值增大50%左右时，电池已有严重故障；当内阻值增大100%及以上时，电池失效的重要结论。这些研究主要针对铅酸蓄电池，针对Ni/MH电池和离子电池这方面的研究还比较少，但对电动车用电池的SOH研究提供了许多思路。

判断电池循环寿命长短的传统方法就是电池通过使用或充放电循环试验，这种方法的缺点：一是做过循环测试实验的电池不能再使用，对于大批量的电池只能抽检，不可能每节都做循环测试，而对于电动车等几百节电池串联使用的情况，一节电池寿命的终结，有可能会影响其他电池，有必要要求每节电池的性能相一致。二是循环寿命测试实验时间很长，有时需要几个月时间，实验周期长，效率很低。以循环次数来表示电池的SOH，首先要将系统的故障概念与SOH的概念完全分开，故障指电池正常寿命期内出现的不正常情况，SOH指电池的健康状况，与人的寿命的意义是一样的，SOH的测定可以通过将一个完全荷电的电池放电至达到放电终止电压来完成。这种方法与SOC的定义相一致。因此，可以计算出SOH的确切值。但是在多数应用中，因为电源设备的限制或无法接近电池而不可能进行放电测试。以电池在寿命期内的循环次数（或者按整车的行驶里程等）来表示电池的SOH应更有意义。电池的循环寿命是可以预计的，前期显示电池的SOH为100%，随着循环的进行，电池循环次数也逐渐下降，SOH也逐渐下降，与传统车辆的行驶里程寿命可以保持一致。

要精确预测电池剩余容量或电池寿命，需要建立一个能够描述这种非线性特性的数学模型。基于差分方程（描述发生在电化学电池中的复杂现象）的精确电池模型被提出来已经近十年了，但是求解这些差分方程的计算量非常大，甚至可能需要几天时间。最近几年，一些高级电池模型已经被提出来，这些模型能减少模拟时间，并能在可接受的精度范围内预测相关变量。其中，Dale Rakhmatov等人提出的基于扩散理论的解析模型，可以对任意给定负载精确预测锂离子蓄电池寿命。Rakhmatov模型在预测精确度、效率和通用性等方面相当成功，但是，在应用Rakhmatov模型预测电池寿命时，其计算量仍然比较大。

实际过程中，我们可以依据不同的应用场景对SOH进行定义，对HEV来说，SOH是电池内阻增加或者功率衰减的指示，如果内阻增大到使用功率受限，则说明电池达到了EOL条件，因此SOH可以按如下表达式进行定义：

$$SOH = \frac{R_{EoL} - R}{R_{EoL} - R_{BoL}} \times 100\%$$

式中，R_{EOL}——电池寿命终结时的电池内阻；

R_{BOL}——电池出厂时的内电阻；

R——电池当前状态下的内阻。

当然如果从电池容量的角度定义SOH，表达式也可以写成：

$$SOH = \frac{C - C_{EoL}}{C_{BoL} - C_{EoL}} \times 100\%$$

式中，C_{EOL}——电池寿命终止时间的容量值；
C_{BOL}——新电池的容量值；
C——当前时刻的实际电池容量值。

除了以上各类 SOH 定义方式以外，在实际电池成组应用过程中，我们还可以从电池老化不一致性、电池自放电率等指标来定义 SOH。国内大部分厂商基于电池的剩余循环次数或者累积安时数、瓦时能量数来定义 SOH，但是实际使用过程中不确定因素太多，无法对电池之后的使用环境进行预测，也无法准确预测剩余的循环次数，因此这些定义的可操作性不强。

二、SOH 估算技术

目前，SOH 估算方法分为以下两类。

（一）基于耐久性模型的开环方法

耐久性模型开环方法描述了固体电解质膜电阻和蓄电池端子电压的增加，对蓄电池内部的物理化学反应的特性进行分析，分析电化学反应特性和蓄电池容量衰退的本质，从而直接预测容量衰减和内阻的变化。

（二）基于蓄电池模型的闭环方法

1. 基于开路电压的 SOH 估算方法

在现有研究中，基于开路电压的健康状态估算大致可分为基于固定开路电压的 SOH 估算与基于变化开路电压的 SOH 估算两个类别。

通过对蓄电池在不同老化程度下的开路电压曲线形式进行对比分析，发现蓄电池容量的衰减对被测蓄电池开路电压曲线形状的影响并不明显，即蓄电池开路电压与 SOC 之间的对应关系在整个老化过程会保持一个相对稳定的状态。基于这一结论，通过在不同老化程度下，计算相同开路电压区间内蓄电池电量的变化情况，就可以实现对蓄电池当前容量及 SOH 的估算。

对于锂离子蓄电池而言，其开路电压曲线在老化过程中并非一成不变，只有当蓄电池开路电压曲线的斜率较大且其 SOC 与开路电压之间呈现明显的线性关系时，才能够忽略老化对蓄电池开路电压曲线所造成的影响，并近似地将其认为是恒定的。

2. 基于蓄电池内阻的 SOH 估计方法

在蓄电池容量衰减的过程中，一般也会同时伴随着蓄电池内阻的增加。针对锂离子蓄电池在车用阶段的具体容量损失过程，通过蓄电池工作温度与内阻机理模型，结合内阻在线辨识技术，可以实现宽温度范围下的 SOH 估算。

三、电池寿命的表征

表征电池的寿命是预测寿命的基准。对于用户来说，最好能直接告知电池能够应用多长时间和以后还能用多长时间等。由于受外界条件和应用条件的影响，这样的表征很难达到。最理想的状态是根据客户的应用条件来预测其使用寿命。

纯电动车的应用相对简单一些，因为其模式一般是固定的，按规定的充电制度进行充电，然后按正常接近恒流或恒功率的状态进行放电。因此其寿命表征可以直接用循环次数来表示。

根据基准的充电电流和放电电流，预测其循环次数。但对于混合电动汽车的寿命表征要复杂得多，各种应用状况的工况制度不同，其使用时间、表征方法均会有较大差异，其 SOC 在较窄的范围内瞬时充放电。根据其应用范围，仍用固定的充放电循环次数作为其寿命基准，但工况循环的次数（或能量变化、容量变化）要与此基准次数同建立一定的换算关系电池类型、车型、控制策略、应用工况等不同，其寿命均会有差别，并且混合电动车最关心的不只是电池组循环次数的预测，更重要的是电池组功率性能的预测。

四、寿命终止的表现

电池不能满足应用要求，就视为寿命终止。对于电动车应用来说，其要求条件相对复杂，包括常规的电性能、安全性能、机械性能、温度性能等。一般归结为两个主要的特点：

（一）容　量

放电容量低于某一值时，视为寿命终止。不同的标准规定不一样，在《电动汽车用锂离子动力蓄电池》（QC/T 743—2006）中，规定电池放电容量低于30%额定容量时，寿命终止。

（二）功　率

功率包括输出功率和输入功率，这对于混合电动车的应用尤为重要。对于大多数电池来说，容量未降低到规定值，但其输入功率和输出功率的能力已经下降很大，不能满足正常的应用，此时也视为寿命终止。但功率性能下降多少算作寿命终止，并无相关标准，只能根据实际应用状况来确定。当功率性能不能达到整车的应用要求时，则寿命终止。功率能力也可以用最大功率能力的百分比来表示。功率能力的预测可以根据系统的直流内阻、SOC 等来计算和拟合。

通常也可以从以下三个方面判断电池寿命是否终止：

（1）电池实际放电容量低于额定容量的60%左右，经维护无法明显上升者，可以确定报废。这是由于电池使用过程中，容量衰减到60%左右后性能会大幅衰减，各部件都基本达到恶化的状况，这种衰减有逐渐加快的趋势，很快就会彻底失去充放电能力。

（2）电池无论是充电还是放电，其外部都严重发热。发热的原因是极板上的活性物质严重脱落，内阻增大，发热量增大。这时如果打开电池安全阀检查，会看到电解液"发黑"，严重失效时无法修复。这时，电池自放电很快，有时充电后很快就没电了。

（3）充电不到合理时间就会充满，行驶不到合理距离就没电了。

寿命终止的电池，各种性能大幅度下降，性能极不稳定，有可能引起不良后果，如充电发热变形，产生短路、断路，因此电池达到寿命终止时应及时更换新的电池。

五、影响动力电池寿命的因素

影响动力电池寿命的因素比较多，包括环境、制度或工况等，甚至还有一些目前未知的因素。主要因素有以下几个方面：

（一）电池类型

电池在整个寿命期内的容量特点与电池的类型有关，电池类型不同，其寿命在循环过程中表现不同，Ni/MH 电池在循环初期电池容量有逐渐升高的一个过程（虽然幅度不大），然后处于长期的平稳阶段，在寿命后期，放电容量会迅速下降。而磷酸铁锂电池在循环过程中，电池容量没有出现上升的趋势，一直是小幅度下降。

对于电池的内阻，不仅与电池的循环寿命有关，而且与电池的 SOC 有关。在寿命前期阶段，电池在对应 SOC 下的直流内阻是基本不变的（或者在前期还有下降的趋势，在循环后期，电池内阻会突然升高）。但此时电池的容量可能还未达到明显降低的趋势，但电池的功率能力已经发生了很大变化，不能满足电动车要求。图 6.4 所示为 Ni/MH 电池直流内阻和容量随循环次数的变化情况。

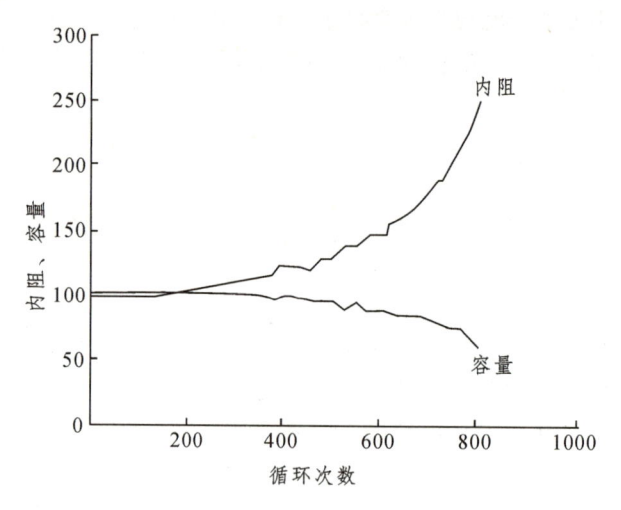

图 6.4　电池直流内阻及容量随循环次数的变化

（二）放电深度对循环寿命的影响

荷电状态和健康状态不是独立的，都是用一个相似的方式反映电池的性能。例如，两个参数都提供了高功率指示，但这两个参数的关系不是线性的，并且依赖于老化机理。

一般情况下，SOC 描述的是电池参数的短期变化，SOH 描述的是长期变化。SOH 的测量需要连续进行，对多数情况只要定期测量就足够了，测量的周期取决于不同应用。SOH 测量数量采用外推法可以预测电池的寿命，但是，也会突发电池故障，这是难以预料的。为了测定电池的健康状态，必须知道实际的 SOC，或者必须在相同的 SOC 下测量 SOH。

不同车辆、不同电池的 SOC 应用范围是不同的。SOC 应用范围不同，其循环寿命有所不同。例如，全充放循环的电池，其寿命有 1 000 次，但对于在 40%～70% SOC 循环的电池来说，其循环次数可以达到 20 000 次以上。而且对于不同的电池来说，其影响是不同的，其循环寿命基本符合指数形式。对于纯电动车，由于电池处于全充全放状态，其循环寿命可以累计。容易计算，对于混合电动车，其只是进行部分容量的循环，但也可以通过分析对比估计其工况的循环寿命。图 6.5 所示为不同电池在不同容量范围内循环对应的寿命曲线。可以通过累计放电容量的方法来估计电池的剩余的循环次数从而表示系统的 SOH。

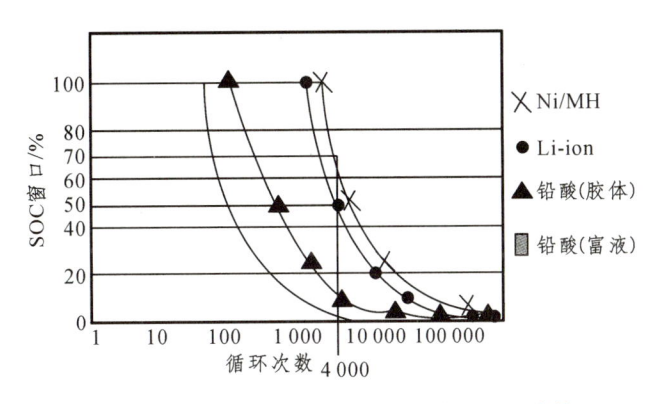

图 6.5　不同电池在不同循环区间内的循环次数

（三）温度对电池寿命的影响

在所有的环境因素中，温度对电池的充放电性能影响最大。在电极/电解液界面上的电化学反应与环境温度有关，电极/电解液界面被视为电池的心脏。当温度低于-20 ℃时，电极的反应速率下降，假设电池电压保持恒定，放电电流降低，电池的输出功率也会下降。温度上升则相反，即电池输出功率会上升。同时，温度也影响着电解液的扩散速度，温度上升则加快，温度下降，扩散减慢，电池充放电性能也会受到影响。但温度太高，超过65 ℃时，会破坏电池内部的化学平衡，副反应增加。所以使用电池应该在 5~55 ℃ 最佳。图 6.6 所示为电池循环寿命随温度变化曲线。

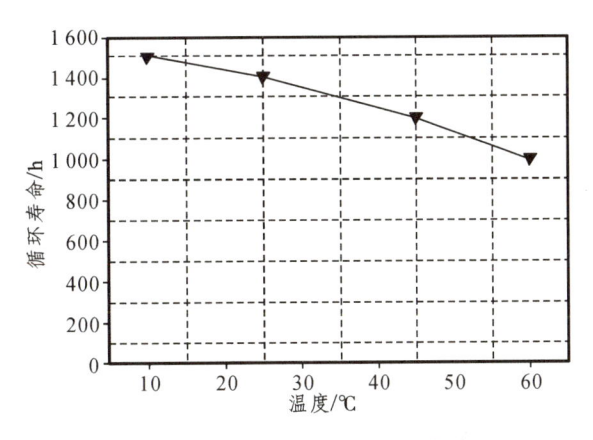

图 6.6　循环寿命随温度变化曲线

（四）循环电流的影响

充放电电流加大，电池的衰减也会加快，因此对电流也应进行修正。电池持续应用的充放电电流对循环寿命也有重要影响。应用电流大，电池寿命会明显降低。当超过极限应用电流后，电池寿命会迅速降低。

图 6.7 所示为 18650 型磷酸铁锂电池在不同电流下的循环寿命特性。在大电流情况下循环寿命迅速衰减除了电流的影响外，主要因素是电池的温度影响，电流大，温度升高速度快，电池内部产生的热量不能迅速散发出去，所以实际上是由于电流和温度的双重影响产生的。

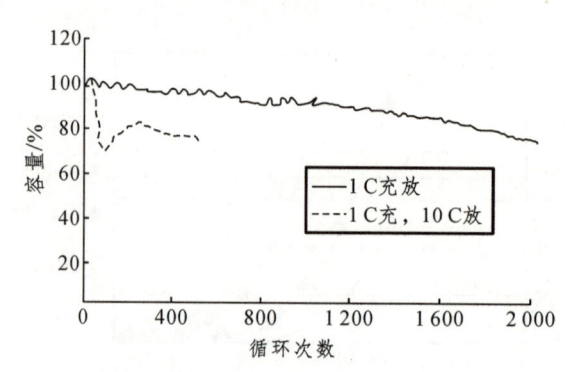

图 6.7 磷酸铁锂电池在不同电流下的循环寿命

（五）其他条件的影响

其他条件主要包括电源系统的储存、行驶工况等。长期储存会使电池的性能下降，同样也会使其寿命衰减。

六、循环寿命预测方法

目前，对动力电池寿命的期望值是 10~15 年。正是由于电池的寿命比较有限，所以估计电池的健康状态对于修正 SOC、及时更换老化电池以及保证整个电动汽车的运行性能具有重要意义。国内外对 SOH 的估计主要考虑内阻、阻抗、电导率、容量、电压、自放电率，以及可充电能力和充放电循环次数等几方面因素。

随着电动汽车电池寿命的延长，发生变化的参数主要有电池的容量、电池的功率能力、电池的内阻等。对于寿命的预测，主要通过这三个参数分别或联合来进行。但这三个参数与寿命不是直接的线性关系，还受多种因素影响，如电流、温度、储存时间、放电深度（DOD）等。

在实际应用中，还必须考虑这些参数是否容易得到、如何计算等。通过可得到的参数，建立电源系统的寿命预测模型。建立电源系统的寿命预测模型，前提是基于以下假设：

（1）系统的故障与寿命必须完全区分开，假设电池按正常衰减机理退化。

（2）系统内的电池均是一致的，包括环境、应用条件、衰减程度等。

（一）多参数模型

在电池应用过程中，容易检测到的参数是有限的，主要有电压、电流、温度、时间等。对于部分电池，也有可能检测到电池的内压（通过电池壳体的变化或直接内置传感器）以及电池的应用历史状况，根据检测到的参数通过计算可以间接得到的参数主要有电池的直流内阻、充放电累计能量等。

因此在电动车应用过程中，主要应通过对上述参数的检测或计算来预计电池的寿命。这就需要了解这些参数在寿命循环过程中的变化。根据上面分析，循环寿命应符合下述函数形式：

$$n = f(T、I、S)$$

式中，n——电池组循环次数；

T——温度参数；

I——电流；

S——电池荷电状态 SOC。

这三个影响因素之间是相互影响的。例如，温度升高，电池可以承受的大电流放电能力就会相应提高，因此在与温度较低时相比，同样电流下其影响就会降低。同样，温度升高，电池适应的工作 SOC 范围也会发生改变，因此其间的相互作用是不容忽略的。电池的加速寿命实验也是建立在这三个参数的变化影响之上的。

但同时，在实际应用中，有些因素是不会发生变化的，如车辆控制的 SOC 应用范围，在正常的温度范围内，是不会发生较大调整的，除非由于温度变化引起一些控制因素（如电压）等达到了极限值。

（二）电阻折算法

电阻折算法是较早采用的模型，首先要知道电阻值与衰减后容量的关系曲线，需要对电动汽车电池进行测试。通过检测电压、电流、温度等数据，根据合适的电池模型间接算得电阻值，然后根据关系曲线计算求得 SOC。

采用循环次数折算法设计一个工况时，须将实际电池的运行状况等效成设定的循环工况次数，或采用合适的控制策略等效成循环次数。比如，单次放电荷电状态的变化超过 10%，则认为循环次数加 1，然后根据曲线查表求得衰减后的容量，从而求得电池的 SOH。在模型结构确定以后，可以根据试验方法所获得的数据对系统模型中的参数进行辨识。在参数辨识论域中，常采用最小二乘法。

（三）其他模型

其他模型包括 Arthenius 模型、Rakhmatov 模型、以阻抗增加功率衰退为基础的循环寿命模型、以容量衰减为基础的循环寿命模型和储存寿命模型等。由于以上模型比较复杂，具体不详细介绍。

项目七　动力电池的均衡控制

任务一　均衡控制管理及其意义

电池组一致性评价和均衡管理是电池成组应用技术的核心，直接影响到电池组使用的安全性和高效性。虽然已有较多的文献对电池组的一致性评价方法进行了论述，提出了多种均衡电路，但都基于电池之间的外电压差异进行一致性评价并实施均衡控制，不能有效指示电池之间的内在差异性，从而导致均衡效果降级。这使得车载在线均衡器的容量、体积、成本和散热都很难解决，而离线式的均衡会明显增加电池维护的工作量，并最终妨碍电动汽车的大规模推广应用。

一、均衡控制管理的基本模型

均衡控制的本质就是克服电芯的不一致性。所以导致电芯不一致性的是整体电池组中发出能量最小的那个电芯。

无论哪种电池类型，其单体电池的电压和容量都无法满足电动汽车的需求，为了达到一定的电压、功率和能量等级，必须通过串并联的方式组成电池组，为电动汽车提供能量。然而实践发现，即使电池成组经过了严格的筛选，在实际使用时，电池组在容量利用、安全性及寿命等方面的性能依然远不及单只电池，其核心问题在于电池组的不一致性。由于不一致性的存在，电池成组应用存在类似于木桶短板效应的问题（见图7.1），同时不一致性对电池组的可用容量及可靠度具有重要影响。

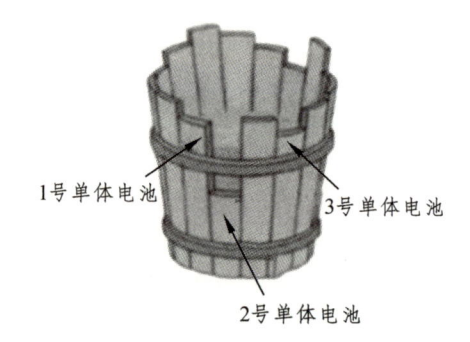

图7.1　电池均衡管理简图

电池组不一致性是指同一规格、同一型号的电池在成组应用时，组内单体电池之间存在性能差异的现象，主要表现为电池之间性能参数的不一致性，如电池外电压、极化电压、直流内阻、容量、SOC等方面。一致性问题是造成电池成组应用时性能下降的主要原因。电池组不一致性产生的原因有电池的初始状态不一致及电池性能衰退速度不一致两个方面。由于生产和使用过程中不可能做到完全一致，所以电池组一致性是相对的，不一致是绝对的。

(一)生产过程中的不一致

在生产过程中,由于工艺、涂覆、配料及杂质含量的不均匀都会造成电池初始性能(初始容量、直流内阻、充电效率及自放电等)的差异性。电池,特别是大容量动力电池尚未完全实现自动化生产的今天,电池的制造工艺和水平不能有效地保障其初始性能的一致性。当一致性要求太高的时候,电池的成品率大大下降,价格大幅度上升,这会相应地增加用电设备的成本,导致价格升高。

(二)使用过程中的不一致

电池组中各个电池的温度和通风条件、自放电程度及充放电过程等差别的影响,造成了电池的自放电速度、内部副反应速度的差别。造成使用过程不一致的主要原因如下:

(1)电池初始性能的差异会在使用过程中逐渐反映到电池实际容量、内阻和SOC上。如生产时内部杂质含量、内阻及充电效率等差异会反映到电池的自放电特性、荷电状态、内部发热热量及性能衰退速度上。以充电效率为例,当两只初始容量均为100 A·h,充电效率分别为99.9%和99.95%的电池,经过100次循环后,容量分别为100×(99.9%)-90(A·h)和100×(99.95%)-95(A·h),200循环后,容量分别为81 A·h和90 A·h,300次循环后,分别为74 A·h和86 A·h。可见,即使是很小的充电效率差异(0.05%),经过一定的循环次数后,会造成不可忽视的容量差异。

(2)PEV用电池空间狭小,电池热场分布和热管理的有效性直接影响到摆放在不同位置上的电池温度。图7.2所示为实际装车的电池在一天的运行过程中,不同温度采样点得到的最高温度和最低温度变化曲线,温度差异约为10 ℃,这最终会导致电池的性能以不同速度衰退,最终加大了电池组的不一致性。

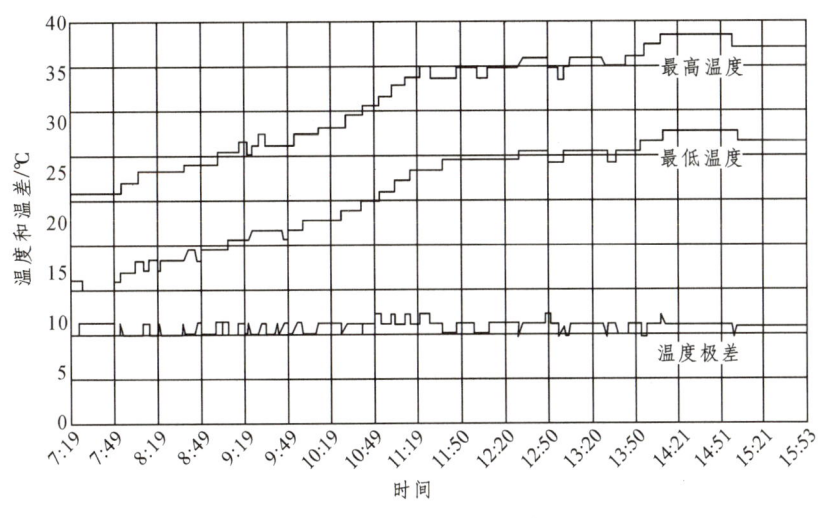

图7.2 某电池一天运行过程

(3)由于容量小、内阻大、自放电率高的电池在充放电过程中更容易发生过充电、过放电和过热,导致电池性能下降速度加快,呈现"正反馈",电池组不一致性问题被加速放大。如初始容量存在差异时,容量小的单体电池电流接受能力较差,在充放电电流相同的情况下,该电池的衰减速度势必将大于容量大的电池,如此出现恶性循环,将导致电池组不一致性问题被加速放大。

（4）由于电池初始性能差异的累积和电池组工作环境的差异，电池间极化现象和极化深度的差异会被逐渐放大。极化过电势可以反映出电池内部化学反应速度和反应状态。一方面，由于电池生产工艺无法保证电池内部活性物质和配料的完全一致，势必会导致电池使用过程中内部化学反应的差异；另一方面，随着使用过程中电池初始性能差异的累积和放大，处于不同老化阶段的电池的内部化学反应也在差异，这些差异也最终反映到电池的外电压上。

总之，电池组内电池不一致参数之间并不是相互独立的，是互相耦合、互相影响的。电池初始容量的不一致及衰退速度的不一致是造成SOC不一致的原因，而所有的不一致性最直接的表现形式就是电池电压的不一致，电池电压的不一致性可以从一定程度上反映电池其他参数之间的差异。

二、均衡控制管理的意义

电池组的不一致性对其性能的影响主要表现在以下几个方面。

（一）容量和能量利用方面

在充电时，先于其他电池充满电的部分电池限制了电池组的充电容量，从而导致电池组的总存储容量和能量减少。同样地，在放电时，先于其他电池放完电的部分电池限制了电池组的放电容量，从而导致电池组存储的容量和能量不能得到充分利用，从而很难平衡成组电池使用的安全性和高效性之间的矛盾，这就是成组电池的不一致性导致的"木桶效应"。当充放电过程首先充满电和放完电的电池不是同一只时，电池组的最大可用容量可能比组内容量最小的单只电池的容量还要小，这使得"木桶效应"更加突出。

（二）功率输出方面

当接近充满电或者放完电的时候，电池的最大允许充放电电流会有所下降。当存在差异的电池串联成组的时候，在充电过程中，SOC偏高的电池会限制整组电池的充电电流，使得充电时间增加。同理，在放电过程中，SOC偏低的电池会限制整组电池的功率输出能力、降低驾驶的动力性能和舒适程度。还有，在接近充满电或者放完电的时候，电池的极化电压明显增加，能量利用效率下降。

（三）电池组状态估算方面

单只电池之间的容量和荷电状态差异给串联电池组的状态准确估算和能量优化使用带来了很大的困难。当电池的最大可用容量和SOC不一致后，成组电池的SOC和SOE的估算难度和计算复杂程度会明显增加。为满足实际运行和在线估算的需要，电池组的状态识别经常被简化，甚至将电池组看作是一只"大电池"进行状态识别，这大大增加了电池组滥用和不合理使用的概率。

综上所述，与单只电池相比，一致性使得电池成组后的使用更加复杂，继承单只电池简单地采用基于端电压的状态估算和充放电控制模式并不能有效地保证电池使用的安全性。而采用单只电池电压控制的时候，电池的能量又不能得到有效利用，电池使用过程的高效性不能得到有效的保证。所以对电池的一致性建立评价体系并据此对电池组进行均衡管理，能有效提高电池组的容量和能量利用效率，保证电池使用的高效性。

三、均衡控制管理的难点

从上面的分析可知，在动力电池组内加入均衡控制管理是重要的。然而，均衡管理策略的制订与执行并不简单，下面尝试对其难点进行讨论。我们先来看看最理想的情况：对于一个由 n 个电池组成的动力电池组而言，从其基本模型可以看出，如果在任何时刻都能清楚地知道每个电池的容量（C）和荷电状态（S），那么均衡控制的算法是非常简单的。然而，C 和 S 这两个变量并不能够在任何时刻都能准确获取，这个就是均衡控制的困难所在。

首先，每个电池的荷电状态 S 的评估是困难的。这点已经在前面进行过讨论。这里需要强调的是，在过去某些简单的电池均衡算法中，是以电池的电压作为均衡依据的，即认为电压较高的电池需要失去电荷，电压较低的电池需要补充电荷。这样的想法是存在偏差的，因为电池均衡的依据应该是电池的剩余电量或者荷电状态。电压的监测和判断是简单的，但电池的剩余电量或者荷电状态的评估却是相对困难的。

其次，获取每个电池的容量 C 也是困难的。原因在于以下两个方面：其一，电池容量 C 受 SOH 的影响。一般来说，电池经过集成以后，一旦装车使用，其性能会不断衰减，有效容量不断减少。然而，每个电池的有效容量均有差异，要获得其 SOH 值，必须要对每个电池单独进行一次充满并马上进行放空，对于已经装车使用的电池，这样的评估难以经常对每个电池单独进行。其二，实际的 C_k 受未来工况限制。即使能知道每个电池的 SOH 值，由于难以预计汽车的未来工况，电池实际的有效容量难以获取。

任务二　均衡控制管理的分类

一、集中式均衡与分布式均衡

能量转换式均衡是经 DC-DC 变换电路，实现电池组整体（也可经外部输入电源）向容量低的单体电池进行补充电，也可由容量高的单体电池经隔离变换电路实现向容量低的电池充电，以实现均衡充电的目的。均衡方式按结构大体可分为两种：集中式、分布式。

（一）集中式均衡

集中式均衡电路，其能量转换是经一个多输出的隔离变换器实现对电池组中容量最低的单体电池直接充电。该方案可实现快速均衡，变换器输入可以是电池组整体，也可从外部电源取得电能进行均衡。

变压器的原边和副边结构很多，典型的有反激式和正激式结构，如图 7.3 所示，在反激式均衡结构中，当主开关管 S 开通时，电池组的能量将以磁场能量存在变压器 T 中。关断 S 时，大部分能量将传递到变压器副边对电池组中电压最低的单体电池充电。该电路的缺点在于为避免变压器饱和，以及对开关管 S 和二极管 D 的损坏，限制了系统效率的提高，以及对开关管占空比大小的调制。而且，变压器漏感导致的电压不平衡使得系统控制不能很好地补偿。在正激式均衡结构中，当检测到某节单体电池电压相比电池组平均电压大很多时，对应于并联在该电池两端的开关管 S 开通，能量经变压器和反向并联二极管传递给其他单体电池。由于多绕组变器的绕组共用一个铁心,因此漏感等产生的效应不能忽视,集中式均衡结构中变压器的绕组不能过多,即均衡对象串联电池组中电池单体数目要求较少。

（a）反激式均衡结构　　　　　　　　（b）正激式均衡结构

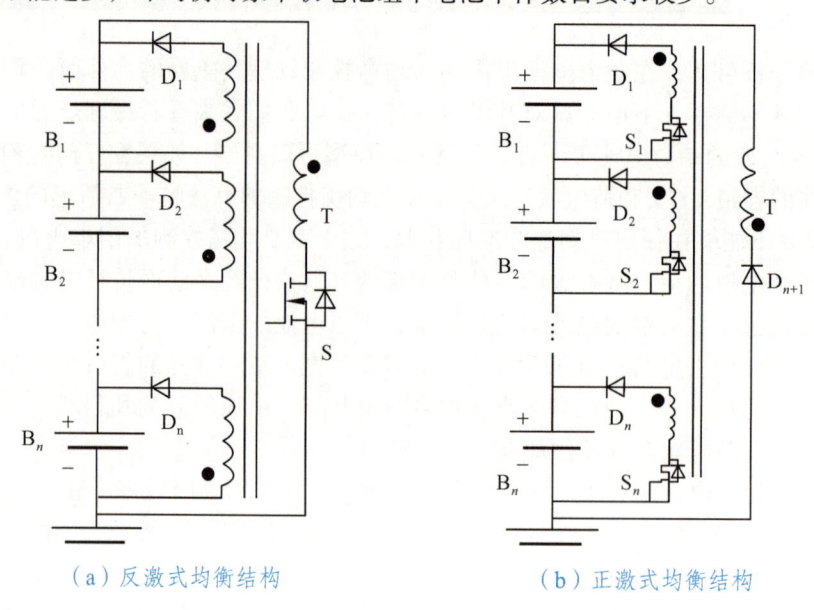

图 7.3　集中式均衡电路

（二）分布式均衡

分布式均衡方案是在每节单体电池两端均并联一个均衡充电单元,如图 7.4 所示,图示中 DC-DC 变换器典型电路有 buck-boot 电路、反激式 DC-DC 等。

（a）级联 buck-boost 法均衡　　　　　（b）多原边绕组反激变换器均衡

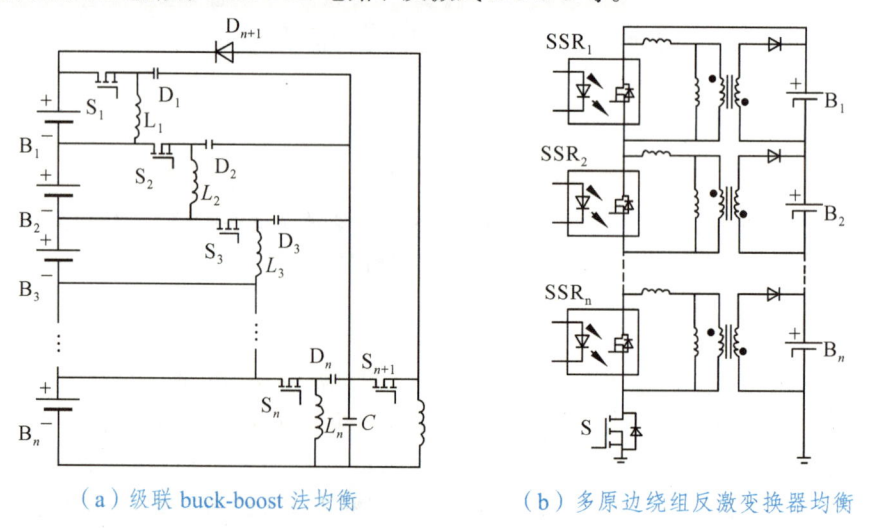

图 7.4　分布式均衡电路

1. 级联 buck-boost 法均衡

传统开关电感法均衡不适宜串联电池组数目较多的场合,对其进行改进,得出了级联 buck-boost 法均电路,如图 7.4（a）所示。该电路在每个单体电池上并联 buck-boost 电路来分配电流,每个变换器的开关应力降低,使得电路损耗减小。同时,对于由多节单体电池串联组成的动力电池组,该结构包含有子电路,因此,该电路可进行模块化设计,实用性增强,但控制复杂。

2. 多原边绕组反激变换器均衡

与图 7.4（a）所示均衡结构采用多边绕组共用一个磁极不同，图 7.4（b）所示电路采用了多原边绕组反激变换，所有的原边绕组都是串联的，同时每个原边绕组都有独立的充电控制开关 SSR_i（$i=1,2,\cdots,n$）以实现均衡，假设单体电池 B_1 容量最低，SSR_1 断开，$SSR_2 \sim SSR_n$ 开通，主开关管 S_1 以一定的占空比导通，S_1 断开时，电池组电产通过二极管流入 B_1。

在分布式均衡电路中，反激式变换电路最为实用，优点是均衡效率高、开关元件电压等级与电池组串联节数无关，适合于电动汽车用锂离子电池均衡充电场合。

二、放电均衡、充电均衡和双向均衡

放电均衡策略是指动力电池在放电的过程中对各个单体电池之间的能量进行均衡，并确保在放电过程中动力电池组中每个单体电池的剩余容量全部放掉，以避免动力电池已经完成放电但是还有电池尚余电量的情况。当放电完成之后对电池组采用恒定电流以串联充电的方式进行充电，只要电池组中任意一个电池的剩余容量达到 100% 就可以结束充电。放电均衡策略实现了每次充入电池的电量都能够完全释放。

充电均衡策略是指在电动汽车动力电池充电的过程中，采用与上述对应的均衡充电方式，以实现各个单体电池之间的能量均衡，并保证充电过程中，动力电池组中的每个单体电池的容量都能够充至 100%。充电均衡策略可确保每个单体电池的实际容量在充电过程中都发挥出功效。但是，由于充电过程只能以最小容量的电池为截止上限，这会导致充电时电池组的容量并不能被完全利用。

双向均衡策略综合了放电均衡策略与充电均衡策略的优点，即在充电和放电的过程中均对能量进行均衡控制，这样既可以保证将每个单体电池的 SOC 都能放电至 0，又能保证每个单体电池的 SOC 均充电至 100%。但是由于该种策略包括放电均衡过程，会导致部分电池能量损耗过多，容易对电池造成损害。

放电均衡策略的缺点是能量损耗过多，无法在任意时候都开始进行能量的均衡行为。另外，由于放电将电池的剩余容量放电至 0，放电深度的提高也增加了影响电池循环寿命的可能性。与放电均衡策略相反，充电均衡策略适用于处于任何荷电状态下的动力电池组，但是充电均衡策略对放电过程没有做任何控制，并且在其放电过程中，整个电池组的放电容量取决于容量最小的单体电池。双向均衡策略有利于对电池的最大容量进行评估，因此可以在对电动汽车进行维护的过程中利用这种方法来对电池的健康状况进行诊断。

三、耗散型均衡与非耗散型均衡

针对电池组均衡充电电路拓扑结构设计，国内外研究人员提出了许多种不同的电路拓扑结构。由均衡过程中电路对能量的消耗情况，可将电池组均衡充电电路分为能量耗散型和能量非耗散型两大类。

（一）能量耗散型均衡

能量耗散型均衡是通过在电池组中各单体电池两端分别并联分流电阻进行放电，从而实现均衡。分流电阻放电均衡电路是最为直接的均衡技术，该技术是通过分流电阻对容量高的单体电池进行放电，直至所有单体电池容量在同一水平。如图7.5所示，可并联的分流电阻分为两类。

（a）固定电阻放电均衡　　　　　　　　（b）开关电阻放电均衡

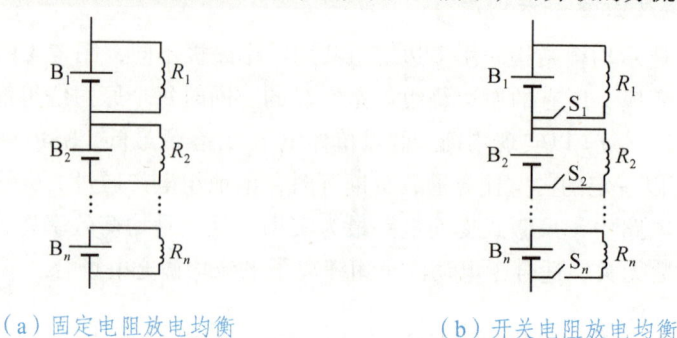

图 7.5　分流电阻放电均衡

图 7.5（a）所示称为固定电阻放电均衡，并联在单体磷酸锂铁电池两端的分流电阻将持续对单体电池进行放电，放电电阻 R_i（$i=1,2,\cdots,n$）的大小可根据当前单体电池的状态进行调节。该方法只适用于铅酸电池、镍氢电池，原因在于这两种电池在过充时不会损坏单体电池。这种电路简单、成本低，缺点在于无论电池是处于充电状态还是放电状态，分流电阻会一直将单体电池能量以热量的形式消耗掉。该方法一般适用于能量充足、对可靠性要求高的场合，如卫星电源等。

图 7.5（b）所示称为开关电阻放电均衡，在此充电过程中，通过并联在单体电池两端的均衡开关 S_i（$i=1,2,\cdots,n$）和分流电阻 R_i（$i=1,2,\cdots,n$）实现对充电电流的调节，均衡电流通过控制均衡开关的占空比或开关周期来实现。基于该思想 Atme 公司推出了用 ATA6870 集成芯片构成的开关电阻放电式容量均衡管理方案，如图 7.6 所示。ATA6870 是一款针对纯电动汽车（混合动力汽车）用锂离子电池测量、监控的电池管理芯片，一块芯片可支持对 6 节单体电池电压？温度进行检测。当电池组进行充电时，并联在单体电池两端的开关管 S 由控制芯片 ATA6870 输出的 6 路脉宽调制信号来控制。信号的占空比由控制电路根据相应的均衡充电控制策略来进行调整，因而能实现对单体电池充电电流的独立调节。相比固定电阻放电均衡电路，该电路更有效、可靠性更高，且能适用锂离子电池，该方法的缺点是在大容量电池组均衡中存在较严重的散热问题，对锂离子电池性能影响较大，因此对热管理要求很高。

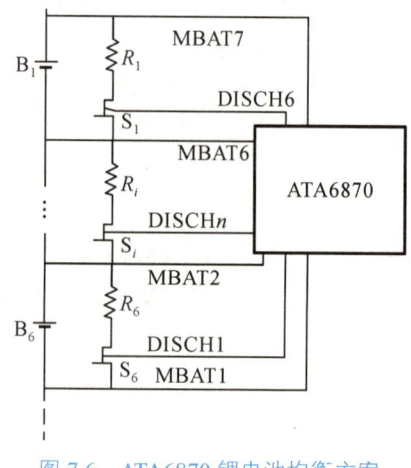

图 7.6　ATA6870 锂电池均衡方案

上述两种能量耗散型电路的缺点在于均衡时将电池组能量以热量的形式损耗掉,如果应用于电池组放电均衡,将缩短电池组的使用里程。因此,上述电路适用于小功率电池组的充电均衡,且电池组的放电电流低于 10 mA/(A·h)。

(二)能量非耗散型均衡

相对于能量耗散式均衡,能量非耗散式均衡电路能耗更小,但相对电路结构更为复杂。按能量变换方式,可分为能量转移式均衡和能量转换式均衡。

1. 电容型能量转移式均衡

能量转移式均衡通过电容或电感等储能元性,将电池组中容量高的单体电池中的能量转移到容量低的单体电池上的均衡形式。目前,已发展有三种典型的均衡电路拓扑:开关电容电路、飞渡电容电路、双层开关电容电路,如图 7.7 所示。

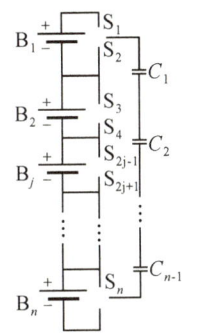

(a)开关电容法均衡　　(b)飞渡电容法均衡　　(c)双层电容法均衡

图 7.7　电容储能三种均衡电路

1)开关电容法均衡

如图 7.7(a)所示,对于由节单体电池串联组成的动力电池组,开关电容法均衡电路需要 n-1 个电容元件和 2 个开关器件。以单体电池 B_1 和 B_2 电压不一致为例,控制过程中,存在两种状态,状态 A 和状态 B,如图 7.8 所示。

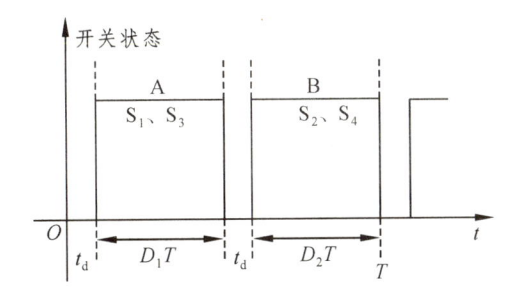

图 7.8　开关逻辑状态

在状态 A 时,开关 S_1 和 S_3 开通;状态 B 时关闭开关 S_1 和 S_3,S_2 和 S_4 开通,同时,在状态 A 和状态 B 中,加入一定的死区时间 t_a,大小由式 $t_a = \max[t_{on}+t_r, t_{off}+t_f]$ 决定,其中,t_{on}、t_r 分别为开关 S 的开通延迟和上升延迟时间,t_{off}、t_f 分别为开关 S 的关断延时和下降延时时间。状态 A 中,C_1 和 B_1 并联,C_1 将会被充放电,最终 C_1 的电压值和 B_1 一致。状态 B 中,开关 S_1 和 S_3 关断,S_2 和 S_4 开通,C_1 和 B_2 并联,C_1 将对 B_2 充放电,经历几个周期后,B_1 和 B_2 端

电压将一致。该电路的缺点是只能用于单体电池间的端电压均衡，同时只能实现相邻单体电池间的能量流动，因此当串联电池数目较多时，均衡时间相对较长。

2）飞渡电容法均衡

如图 7.7（b）所示，对于由多节单体电池串联组成的动力电池组，飞渡电容法拓扑结构只需要 1 个开关电容元件和 $n+5$ 个开关器件。控制方法是控制器将串联电池组中容量最高的单体电池和容量最低的单体电池对应的开关器件进行切换控制，以此来实现该组电池间能量的流动。然而，该方法现仅在超级电容器组的电压均衡中得到广泛应用，对于锂离子电池组的飞渡电容法均衡研究甚少。

3）双层电容法均衡

如图 7.7（c）所示，双层电容法均衡电路也是对开关电容法电路的一个推导与变换，区别在于该电路使用了两层开关电容来实现电池间的能量转移。对于由节单体电池串联组成的动力电池组，双层电容法需要 n 个开关电容元件和 $2n$ 个开关器件。相比较开关电容法均衡电路，该电路的优点是利用增加的外层开关电容，使得单体电池不仅可以和相邻的单体电池进行电压均衡，同时还可以和非相邻的单体电池均衡，因此均衡速度得以提高。

2. 电热型能量转移均衡

利用电感作储能元件，典型均衡方法有开关电感法、双层开关电感法等。

1）开关电感法均衡

如图 7.9（a）所示，以 3 节电池串联成组为例，当单体电池 B_2 容量高于 B_1 时，对应 PWM 驱动 S_2 开通，B_2 给 L_1 充电；然后，S_2 断开，S_1 导，电感 L_1 将存储的能量通过 S_1 传递给 B_1。相邻单体的两个开关管驱动信号互补，在死区时段，电感 L_1 通过 B_1 和 S_1 的反并联二极管续流，也是在给 B_1 充电。同样，单体 B_2 容量高于 B_3 时也采用相同的方式均衡。该电路结构简单，然而只能实现相邻单体电池之间的容量均衡，且串联电池数目较少的场合，如混合动力汽车用动力电池电源。当串联电池数目较多首尾两端的单体电池容量相差较大时，势必造成均衡时间过长，且均衡效率低下。

（a）开关电感法均衡　　（b）双层开关电感法均衡

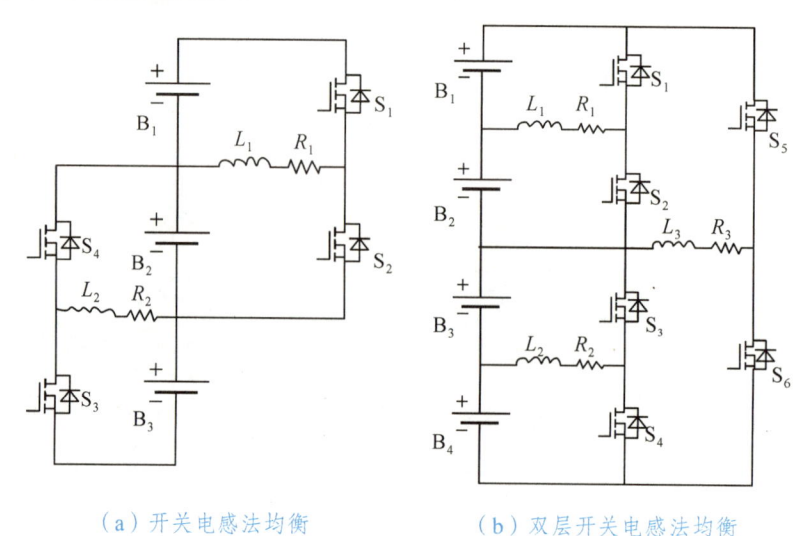

图 7.9　电感储能两种均衡电路

2）双层开关电感法均衡

为解决传统开关电感法均衡时间长的问题，对均衡电路进行了改进，如图 7.9（b）所示，将相邻的两单体看作一个，每单体都通过 MOSFET（金属化合物半导体场效应管）和一个电感相连，相邻两再形成一组，和另外组再通过一个 MOSFET 和电感相连，在数目较大时会形成一个环式结构。正是这种结构，使得每个单体不但可以和相邻单体进行容量均衡，还和相隔较远的单体同时进行能量交换，使均衡时间显著缩短，解决了传统开关电感法均衡电路均衡速度慢这个最大问题。

四、主动均衡与被动均衡

（一）被动均衡

被动均衡一般通过电阻放电的方式，对电压较高的电池进行放电，以热量形式释放电量，为其他电池争取更多充电时间，这样整个系统的电量受制于容量最少的电池。充电过程中，锂电池一般有一个充电上限保护电压值，当某一串电池达到此电压值后，锂电池保护板会切断充电回路，停止充电。如果充电时的电压超过这个数值，也就是俗称的"过充"，锂电池就有可能燃烧或者爆炸。因此，被动均衡的优点是成本低和电路设计简单，而缺点则是以最低电池残余量为基准进行均衡无法增加残量少的电池的容量，即均衡电量 100% 以热量形式被浪费。

（二）主动均衡

主动均衡是以电量转移的方式进行均衡，效率高、损失小。不同厂家的方法不同，均衡电流也从 1~10 A 不等。目前，市场上出现的很多主动均衡技术不成熟，导致电池过放，加速电池衰减的情况时有发生。市场上的主动均衡大多采用变压原理，依托于芯片厂家昂贵的芯片。并且此方式除了均衡芯片外，还需要昂贵的变压器等周边零部件，体积较大，成本较高。

被动均衡是将单体电池中容量稍多的个体消耗掉，实现整体的均衡。主动均衡则是将单体能量稍高的能量通过储能环节转移到能量稍低的电池上去，实现一种主动分配的效果。被动均衡适合于小容量、低串数的锂电池组应用，主动均衡适用于高串数、大容量的动力型锂电池组应用。对 BMS 来讲，除了均衡功能非常重要背后的均衡策略更为重要

任务三　两种耗散型的均衡控制管理

能量耗散型是通过单体电池的并联电阻进行分流从而实现均衡管理。这种电路结构简单，均衡过程一般在充电过程中完成，对容量低的单体电池不能补充电量，存在能量浪费和增加热管理系统负荷的问题。能量耗散型一般有两类：

（1）恒定分流电阻均衡充电电路。

每个电池体上都始终并联一个分流电阻，如图 7.10 所示。这种方式的优点是可靠性高，分流电阻的值大，通过固定分流来减小由于自放电导致的单体电池差异。其缺点在于无论电池充电还是放电过程分流电阻始终消耗功率，能量损失大，一般在用于能够及时补充能量的场合。

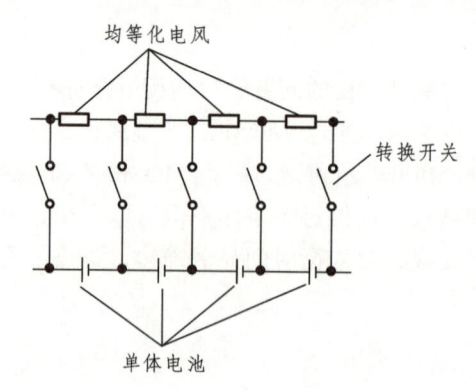

图 7.10　恒定均衡电阻充电电路

（2）开关控制分流电阻均衡充电电路。

分流电阻通过开关控制，在充电过程中，当单体电池电压达到截止电压时，均衡装置能阻止其过充电并将多余的能量转化成热能。这种均衡电路的优点是工作在充电期间可以对充电时单体电池电压偏高者进行分流。其缺点是由于均衡时间的限制，导致分流时产生的大量热量需要及时通过热管理系统耗散，尤其在容量比较大的电池组中更加明显。例如，10 A·h 的电池组，100 mV 的电压差异，最大可达 500 mA·h 以上的容量差异，如果以 2 h 的均衡时间，则分流电流为 250 mA，分流电阻值约为 140 Ω，则产生的热量为 63 kJ 左右。

能量耗散型电路结构简单，但是均衡电阻在分流过程中，不仅消耗了能量，而且还会由于电阻的发热引起电路的热管理问题。其实质是通过能量消耗的办法限制单体电池出现过高或过低的端电压，所以，只适合在静态均衡中使用，其高温升等特点降低了系统的可靠性，不适用于动态均衡。该方式仅适合小型电池组或者容量较小的电池组。

一、两种待比较的均衡策略

待比较的第一种方式为"先放电均衡后充电"方式，即先将电池组中每个电池的剩余容量放至 0，然后用恒定电流以串联充电的方式对电池组进行充电，充电至电池组中有任何一个电池的剩余容量达到 100%时结束充电（见图 7.11）。

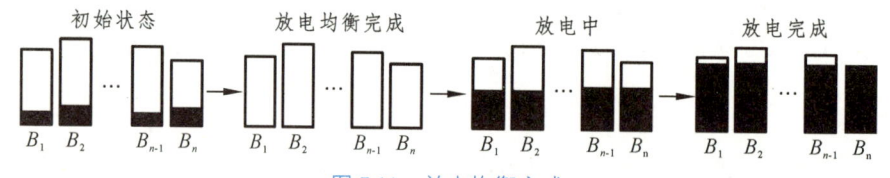

图 7.11　放电均衡方式

待比较的第二种方法为均衡充电方式，则是用恒定电流以串联充电的方式对电池组进行充电。直到电池组中有任何一个电池的剩余容量达到 100%时，改为滑流对电池组进行充电，直到电池组中所有电池的剩余容量达到 100%时充电结束，如图 7.12 所示。

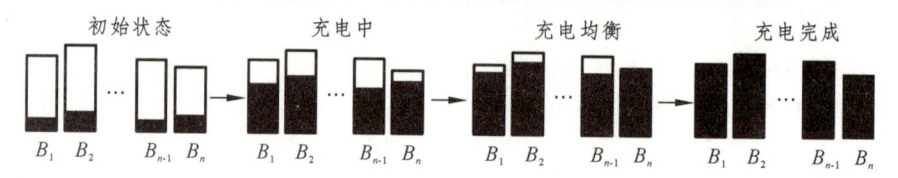

图 7.12　充电均衡方式

二、实验验证

（一）实验方法与步骤

实验对象为 A 厂家提供的 8 个同一批次，标称容量为 100 A·h 的动力电池，经测试，其实际有效容量均为 110 A·h，一致性好，然后按照表 7.1 中的步骤进行实验。

表 7.1　实施内容

步骤	实施内容
1	将 8 个电池完全放电至 SOC = 0
2	将 8 个电池分为 A、B 两组，把每组的 4 个电池分别串联起来
3	用 3A 的电流对 A 组充电 2 h，得到 4 个初始电量为 6 A·h 的电池样本
4	用 3A 的电流对 B 组充电 1 h，得到 4 个初始电量为 3 A·h 的电池样本
5	分别从 A 组和 B 组各取 2 个电池串联组成 C 组和 D 组，则 C、D 两组各有 4 个动力电池的样本（其中，C 组 4 个电池的初始容量为 6 A·h、6 A·h、3 A·h、3 A·h，D 组 4 个电池的初始容量也是 6 A·h、6 A·h、3 A·h、3 A·h）
6	对 C 组执行"先放电均衡后充电"的策略，对 D 组进行"先充电后均衡"，以比较两种方法的均衡效果以及时间、电量损耗

（二）实验结果

根据以上的实验步骤，得到两组电池的初始电量、最终电量以及损耗电量如表 7.2 所示。

表 7.2　C、D 两组电池损耗对比

	电池组的初始电量/(A·h)		电池组的最终电量/(A·h)		均衡过程中的电量损耗/(A·h)	
	C 组	D 组	C 组	D 组	C 组	D 组
每组 4 个 电池	6	6	110.502	110.410	5.93	0.14
	6	6	110.625	110.180	5.95	0
	3	3	110.322	110.324	2.89	2.91
	3	3	110.372	110.101	2.95	2.89

另外，利用前面的公式可以对均衡所需的时间以及电荷的损耗进行估算，并把估算的结果与实验测得的结果进行对比，如表 7.3 所示。

表 7.3　实验数据与估算表格对比

	实验耗时/h	估算耗时/h	实际电荷损耗/(A·h)	电荷损耗估算/(A·h)
先放电均衡后充电	11.27	11.33	17.72	18
先充电后均衡	10.759	10.933	5.94	6

项目八　动力电池的信息管理

任务一　电池信息的显示

一、汽车仪表上显示的电池信息

仪表盘是车辆的核心部件，是驾驶者获得汽车实时数据的窗口，也是驾驶安全的重要保障。同时，也是驾驶者和车辆之间"沟通"的媒介，能够为驾驶员提供实时而准确的车速、油耗、水温、转速、电压以及其他车辆信息。尤其是在紧急情况下，驾驶者能够通过仪表盘迅速判断，保证驾驶安全。一直以来电池信息的显示，是电池管理系统的重要功能之一。电池管理系统通过仪表把电池当前的状态告知驾驶人员。图 8.1 所示是一种老式的电池仪表，该仪表只能大体向操作员显示电池剩余电量，不能精确地显示电池温度信息，电池组的总电压、电流信息，预估剩余里程信息等。

图 8.1　某老式电池仪表

电动汽车仪表上所要显示的电池信息大致可以分为以下三类：

（一）正常行车状态下需要显示的信息

在电动汽车行车过程中，需要为驾驶员提供的信息主要包括：电池温度信息，电池组的总电压、电流信息，剩余电量信息，预估剩余里程信息等。这些信息的刷新率不需要太高，如电压、电流信息，每秒刷新一次，而剩余电量信息每 10 s 刷新一次，对于驾驶员而言完全足够了，这样并不会对电池管理系统的 BCU 造成过多的负担。

（二）正常的驻车充电信息

在电动汽车停车、插上充电插头以后，将开始对动力电池组进行充电。此时，需要通过仪表向驾驶员传达相关的充电信息，如电池组总电压、温度信息，充电电流大小的信息，剩余电量信息，预计充电结束时间信息等。对于比较高级的电池管理系统，还需要显示充电模式信息，如快充模式、慢充模式，是否加入均衡控制等信息。以上信息的显示，同样对刷新率要求不高，在 1~10 s 即可。

（三）危险告警信息

无论在行车过程中还是在驻车充电过程中，若电池管理系统监测到异常情况，都应该通过仪表向驾驶员或者操作员及时报告。这些告警信息包括过电压告警、过电流告警、过温度告警、剩余电量不足告警等，还包括故障失效信息，如通信网络失效、自检失效等。此时，不仅需要通过显示的方式告警，可能还需要结合声音告警等手段。

二、基于传统仪表板的改造升级

为了让驾驶者更方便、更准确地获取车辆信息，现在越来越多的厂家选择进行仪表盘改装。比如改装仪表盘的灯光和指针，令盘面显示更加清晰、亮度更加适宜，还有增加一些新的检测项目，为驾驶者提供更多的数据支持。比如，雷达检测、气压检测、制动检测等，这些功能的增加，可以极大地提升车辆在执行任务时的效率和准确性。

（一）改装的好处

（1）改善驾驶者的使用体验。
（2）提高车辆的可读性。
（3）提升驾驶安全性。
（4）增强车辆功能和效率。

（二）改装种类

（1）仪表盘数字化改装：一般地，这种改装包括车速表、转速表、油量表、水温表等。
（2）仪表盘灯光改装：指在原来的面板上更换不同颜色的指针和指示灯，以达到个性化的目的。
（3）仪表盘周边功能增加。比如，增加温度计、电子罗盘、多媒体显示屏等。

（三）选择合适的仪表盘改装方式

针对驾驶者的实际需求，还需要考虑车型选购和改装方案甄选。由于不同的车型和品牌在的仪表板配置上区别较大，因此选择合适的改装方案非常重要。优质的改装方案应该考虑改装所涉及到的全部问题，而不是仅仅停留在一个领域中。

仪表盘改装既能提高车辆效率，还有助于增强车辆与驾驶者之间的互动性，提高驾驶者的体验感和快乐感。然而，也需要注意改装带来的额外线路和安装结构的安全性问题，所以建议在专业技术人员的指导下进行改装，以免出现问题影响驾驶安全。

三、新式仪表板

比亚迪秦的仪表盘不仅在功能上满足了驾驶者的各项需求，更在外观上呈现出一种科技与艺术的无缝对接。

比亚迪秦配置了一块液晶仪表盘（见图8.2），极高的分辨率使得各类行车信息一览无余，让驾驶者能够迅速捕捉到关键数据。

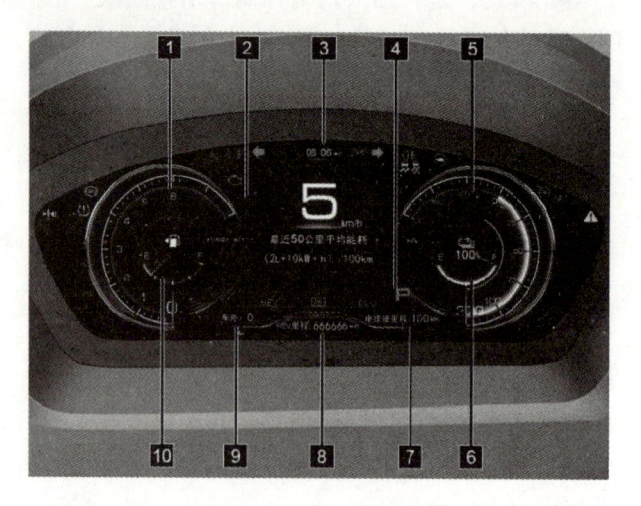

1—转速表；2—车速表；3—时间显示；4—挡位；5—功率表；6—电量表；
7—电续驶里程；8—里程；9—车外温度；10—燃油表。

图8.2 比亚迪秦仪表盘

除了基础的行车信息展示，比亚迪秦的仪表盘还融入了众多智能化功能。它能够根据驾驶者的个人习惯，智能调节显示模式，确保驾驶者能够在最短时间内获取所需信息。同时，仪表盘还支持多语言显示，为不同国家和地区的消费者提供了便利。

该仪表盘也有出色的安全性出色。它采用了防眩光技术，即使在阳光强烈的时段，也能确保仪表盘上的信息清晰可见，极大地降低了因反光引发的安全隐患。此外，仪表盘还具备故障预警系统，一旦车辆发生任何异常情况，它会立即发出警示，确保驾驶者能够迅速做出反应，保障行车安全。

任务二　电池管理系统与其他控制系统之间的信息交互

一、系统内与系统外的信息交互

信息交互是许多BMS系统都需要具备的基本功能，而并非电动汽车特有的。例如，当前几乎每个便携式计算机的锂电池模块都配置了BMS，其中大部分都支持把电池当前的状态信息传递到主板并通过操作系统或特定软件传递给使用者。电动汽车BMS的特别之处，在于它所管理的电池个数较多，BCU往往需要通过两级总线同时与系统内部的BMC以及系统外部的其他车载设备进行信息交互。

（一）系统内的信息交互

系统内的信息交互主要指的是 BCU 与 BMC 之间的信息传递问题。一方面，BMC 需要把采集到的每个电池的信息传递给 BCU；另一方面 BCU 需要向 BMC 传递控制信息（例如是否对某个电池进行均衡控制等）。系统内的信息交互具有以下特点。

（1）通信的信息总量与频度较为固定，可预知。例如，BCU 定期向 BMC 发去轮询信息，而 BMC 负责把采集到的电池的电压、温度信息向 BCU 进行汇报，都属于常规动作，突发性通信较少。

（2）对可靠性的要求较高。如果在信息传递过程中出现错误，可能造成较为严重的事故。例如，某个电池明明处于正常状态，但 BMC 向 BCU 所发送的信息产生了通信错误，BCU 误认为某个电池可能存在安全问题，从而一方面向驾驶员告警，另一方面会通过整车控制器，使得整台电动汽车慢驶并最终停下来。又比如，在不需要进行均衡控制的情况下，BCU 向 BMC 发送的通信发生错误，对电池进行了不必要的均衡操作，可能导致某个电池的能量最终被耗完。

（二）系统外的信息交互

电池管理系统作为电动汽车中的一个重要部件，需要通过车载通信网络与车上的其他控制单元进行信息交互。根据每台汽车的硬件设计以及软件控制策略的不同，系统外的信息交互对象可能存在较大的差异，一些常见的对象有整车控制器、电机控制器、汽车仪表、充电机等。表 8.1 列举的是在某台电动汽车中，电池管理系统与其他控制单元之间进行信息交互的内容以及信息流向。

表 8.1　电池管理系统与其他控制单元之间进行信息交互的内容以及信息流向

信息交互的内容	信息流向
电池组整体状态信息（总电压、总电流）	BMS→整车控制器
	BMS→电机控制器
	BMS→汽车仪表板
电池组最大允许放电电流信息	BMS→整车控制器
	BMS→电机控制器
电池组安全告警信息	BMS→整车控制器
	BMS→汽车仪表板
高压预充电信息	电机控制器→BMS
充电请求信息	BMS→整车控制器
充电允许信息	整车控制器→BMS
充电电压、电流控制信息	BMS→充电机
充电机运行信息	充电机→BMS

二、利用分级车载网络进行信息交互

智能网联汽车主要包括 3 种网络：以车内总线通信为基础的车内网络，也称为车载网络；

以短距离无线通信为基础的车载自组织网络；以远距离通信为基础的车载移动互联网络。因此，智能网联汽车是融合车载网、车载自组织网和车载移动互联网的一体化网络系统，如图 8.3 所示。

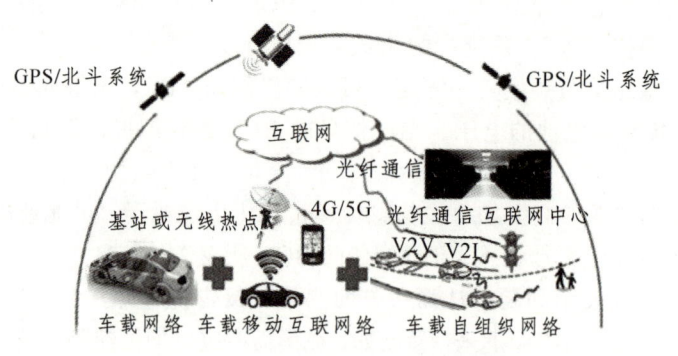

图 8.3 智能网联汽车网络体系构成

车载网络是基于 CAN、LIN、FlexRay、MOST、以太网等总线技术建立的标准化整车网络，实现车内各电器、电子单元间的状态信息和控制信号在车内网上的传输，使车辆具有状态感知、故障诊断和智能控制等功能。车载自组织网络是基于短距离无线通信技术自主构建的 V2V、V2I、V2P 之间的无线通信网络，实现 V2V、V2I、V2P 之间的信息传输，使车辆具有行驶环境感知、危险辨识、智能控制等功能，并能够实现 V2V、V2I 之间的协同控制。车载移动互联网络是基于远距离通信技术构建的车辆与互联网之间连接的网络，实现车辆信息与各种服务信息在车载移动互联网上的传输，使智能网联汽车用户能够开展商务办公、信息娱乐服务等。

（一）车载网络

车载网络划分为 5 种类型，分别为 A 类低速网络、B 类中速网络、C 类高速网络、D 类多媒体网络和 E 类安全应用网络，如图 8.4 所示。

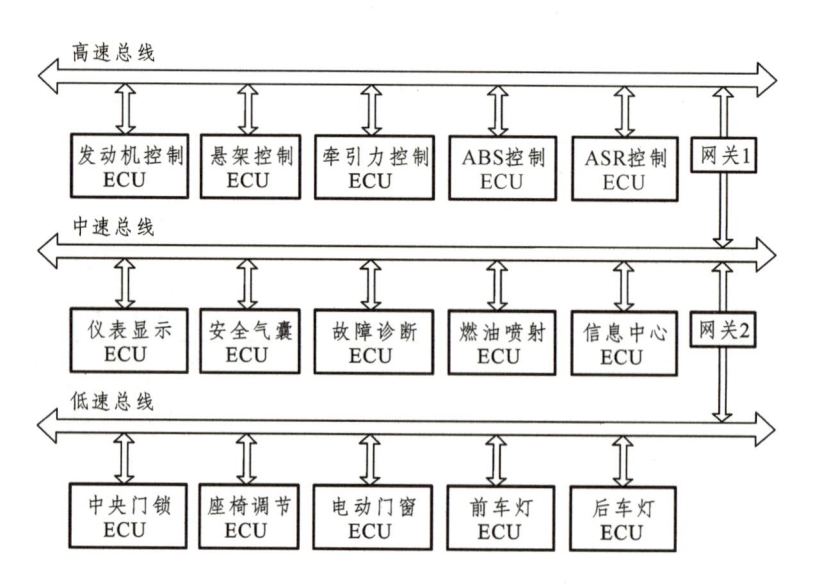

图 8.4 汽车安全系统网络

110

1. A 类低速网络

A 类低速网络传输速率一般小于 10 kb/s，有多种通信协议，该类网络的主流协议是 LIN（局域互联网络），主要用于电动门窗、电动座椅、车内照明系统和车外照明系统等。

2. B 类中速网络

B 类中速网络传输速率为 10～125 kb/s，对实时性要求不太高，主要面向独立模块之间数据共享的中速网络。该类网络的主流协议是低速 CAN（控制器局域网络），主要用于故障诊断、空调、仪表显示等。

3. C 类高速网络

C 类高速网络传输速率为 125～1 000 kb/s，对实时性要求高，主要面向高速、实时闭环控制的多路传输网。该类网络的主流协议是高速 CAN、FlexRay 等协议，主要用于牵引力控制、发动机控制、ABS、ASR、ESP、悬架控制等。

4. D 类多媒体网络

D 类多媒体网络传输速率为 250 kb/s～100 Mb/s，该类网络协议主要有 MOST、以太网、蓝牙、ZigBee 技术等，主要用于要求传输效率较高的多媒体系统、导航系统等。

5. E 类安全网络

E 类安全网络传输速率为 10 Mb/s，主要面向汽车安全系统的网络。

（二）新型网络

随着汽车智能化和网联化的发展，对网络宽带和传输速率的要求越来越高，车载网络类型会不断增加。智能网联汽车各种网络之间是一种相辅相成的配合关系，整车厂可以从实时性、可靠性、经济性等多方面出发，选择合适的网络配合使用，充分发挥各类网络技术的优势。

1. 车载自组织网络

车载自组织网络（Vehicular Ad hoc Networks，VANET）是一种自组织、结构开放的车辆间通信网络，能够提供车辆之间以及车辆与路侧基础设施之间的通信，通过结合全球定位系统及无线通信技术，如无线局域网、蜂窝网络等，可为处于高速移动状态的车辆提供高速率的数据接入服务，并支持车辆之间的信息交互，已成为保障车辆行驶安全，提供高速数据通信、智能交通管理及车载娱乐的有效技术。车载自组织网络是智能交通系统未来发展的通信基础，也是智能网联汽车安全行驶的保障。

车间自组织型：车辆之间形成自组织网络，不需要借助路侧单元，这种通信模式也称为 V2V 通信模式，也是传统移动自组织网络的通信模式。

无线局域网/蜂窝网络型：在这种通信模式下，车辆节点间不能直接通信，必须通过接入路侧单元互相通信，这种通信模式也称为 V2I 通信模式，相比车间自组织型，路侧单元建设成本较高。

混合型：混合型是前两种通信模式的混合模式，车辆可以根据实际情况选择不同的通信方式。

2. 车载移动互联网

车载移动互联网是以车为移动终端，通过远距离无线通信技术构建的车与互联网之间的网络，实现车辆与服务信息在车载移动互联网上的传输，如图8.5所示。车载移动互联网是先通过短距离通信技术在车内建立无线个域网或无线局域网，再通过4G/5G技术与互联网连接。移动互联网接入方式主要有卫星通信网络、无线城域网（WiMAX）、无线局域网（WLAN）、无线个域网（WPAN）和蜂窝网络（4G/5G网络）等。

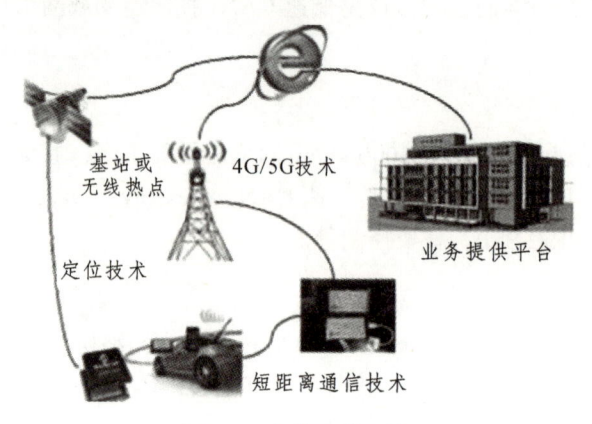

图8.5 车载互联网络

卫星通信网络：优点是通信区域大、距离远、频段宽、容量大；可靠性高、质量好、噪声小、可移动性强、不容易受自然灾害影响。缺点是传输时延大、回声大、费用高等。

无线城域网：以微波等无线传输为介质，提供同城数据高速传输、多媒体通信业务和互联网接入服务等，具有传输距离远、覆盖面积大、接入速度快、高效、灵活、经济、较为完备的 QoS 机制等优点。缺点是暂不支持用户在移动过程中实现无缝切换，性能与 4G 的主流标准存在差距。

无线局域网：指以无线或无线与有线相结合的方式构成的局域网，如 Wi-Fi。无线局域网具有布网便捷、可操作性强、网络易于扩展等优点。缺点是性能、速率和安全性存在不足。

无线个域网：采用红外、蓝牙等技术构成的覆盖范围更小的局域网。目前，无线个域网采用的技术有蓝牙、ZigBee、UWB、60 GHz、IrDA、RFID、NFC 等，具有低功耗、低成本、体积小等优点。缺点主要是覆盖范围小。

蜂窝网络：蜂窝移动通信系统由移动站、基站子系统、网络子系统组成，采用蜂窝网络（4G/5G）作为无线组网方式，通过无线信道将移动终端和网络设备进行连接。其中，宏蜂窝、微蜂窝是蜂窝移动通信系统应用较多的蜂窝技术。蜂窝移动通信的主要缺点是高成本、带宽低。

三、利用 CAN 总线实现信息交互

（一）什么是 CAN 总线

CAN 是 Controller Area Network 的缩写，是 ISO 国际标准化的串行通信协议。通俗地讲 CAN 总线就是一种传输数据的线，用于在不同的 ECU 之间传输数据。CAN 总线有两个 ISO 国际标准：ISO11898 和 ISO11519。

ISO11898 定义了通信速率为 125 kb/s~1 Mb/s 的高速 CAN 通信标准，属于闭环总线，传输速率可达 1 Mb/s，总线长度不大于 40 m。

ISO11519 定义了通信速率为 10~125 kb/s 的低速 CAN 通信标准，属于开环总线，传输速率为 40 kb/s 时，总线长度可达 1 000 m。

（二）CAN 的拓扑结构

如图 8.6 所示，CAN 总线包括 CAN_H 和 CAN_L 两根线。节点通过 CAN 控制器和 CAN 收发器连接到 CAN 总线上。通常来讲，ECU 内部集成了 CAN 控制器和 CAN 收发器，但是也有没集成的，需要自己外加。

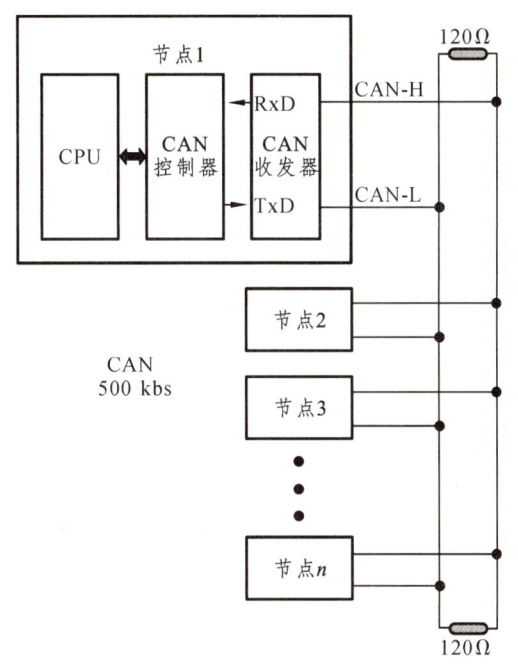

图 8.6　某 CAN 总线集成

（三）CAN 信号表示

在 CAN 总线上，利用 CAN_H 和 CAN_L 两根线上的电位差来表示 CAN 信号。CAN 总线上的电位差分为显性电平和隐性电平。其中显性电平为逻辑 0，隐性电平为逻辑 1。

ISO11898 标准中，CAN 信号的表示如图 8.7 所示。

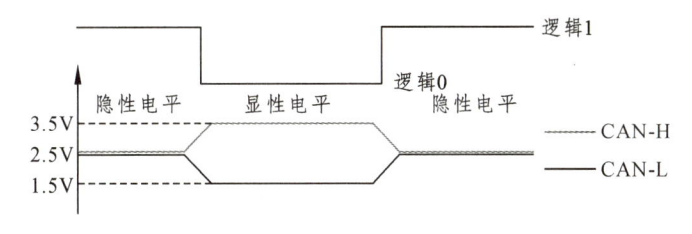

图 8.7　CAN 信号表示

ISO11519 标准中 CAN 信号的表示如图 8.8 所示。

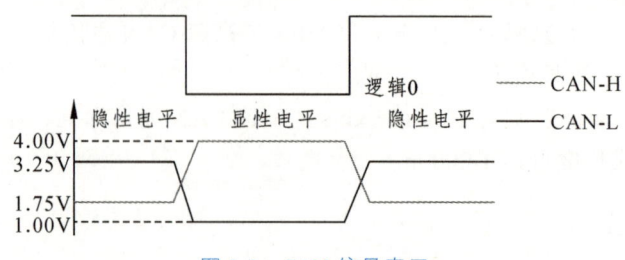

图 8.8　CAN 信号表示

（四）CAN 信号传输

发送过程：CAN 控制器将 CPU 传来的信号转换为逻辑电平（即逻辑 0——显性电平或者逻辑 1——隐性电平），CAN 发射器接收逻辑电平之后，再将其转换为差分电平输出到 CAN 总线上，如图 8.9 所示。

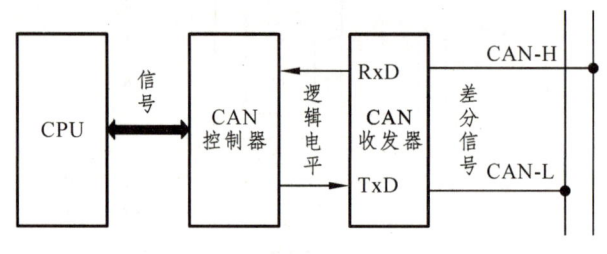

图 8.9　发送过程

接收过程：CAN 接收器将 CAN_H 和 CAN_L 线上传来的差分电平转换为逻辑电平输出到 CAN 控制器，CAN 控制器再把该逻辑电平转化为相应的信号发送到 CPU 上，如图 8.10 所示。

概括地讲：发送方通过使总线电平发生变化，将其信息传递到 CAN 总线上；接收方通过监听总线电平，将总线上的消息读入自己的接收器。

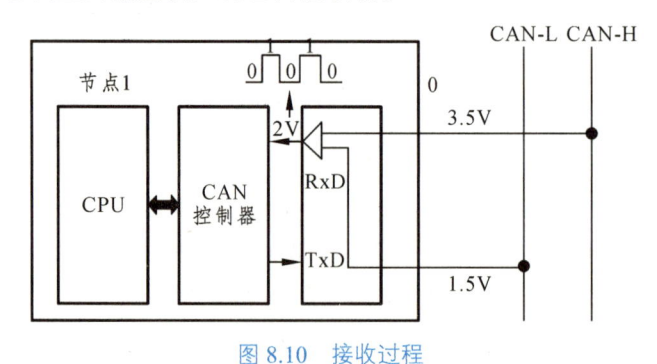

图 8.10　接收过程

（五）CAN 通信的特点

1. 多主工作方式

所谓多主工作方式，指的是总线上的所有节点没有主从之分，大家都处于平等的地位。反映在数据传输上，在总线空闲状态，任意节点都可以向总线上发送消息。当总线上出现连续的 11 位隐性电平，那么总线就处于空闲状态。也就是说对于任意一个节点而言，只要它监听到总线上连续出现了 11 位隐性电平，那么该节点就会认为总线当前处于空闲状态，它就会立即向总线上发送自己的报文。

2. 非破坏性仲裁机制

在 CAN 协议中，所有的消息都以固定的帧格式发送。当多个节点同时向总线发送消息时，总线对各个消息的标识符（即 ID 号）进行逐位仲裁。如果某个节点发送的消息仲裁获胜，那么这个节点将获取总线的发送权，仲裁失败的节点则立即停止发送并转变为监听（接收）状态。这种仲裁机制既不会造成已发送数据的延迟，也不会破坏已经发送的数据，所以称为非破坏性仲裁机制。

3. 系统的柔性

CAN 通信系统的柔性指的是 CAN 总线上的节点没有"地址"的概念，因此在总线上增加节点时，不会对总线上已有节点的软硬件及应用层造成影响。比如，一个 CAN 总线系统中有 Node_A、Node_B、Node_C 三个节点，那么当增加第四个节点 Node_D 之后，Node_D 节点不会对其他三个节点之间的通信产生任何影响。

4. 通信速度

在同一条 CAN 总线上，所有节点的通信速度（位速率）必须相同，如果两条不同通信速度总线上的节点想要实现信息交互，必须通过网关。汽车上一般有两条 CAN 总线：500 kb/s 的驱动系统 CAN 总线和 125 kb/s 的车身系统 CAN 总线。如果驱动系统 CAN 总线上的发动机节点要把自己的转速信息发送给车身系统 CAN 总线上的转速表节点，那么这两条总线必须通过网关相连。

5. 数据传输方式

CAN 总线可以实现一对一、一对多以及广播的数据传输方式，这依赖于验收滤波技术。验收滤波技术可以简单地理解为 Node_A 节点将需要接收的 CAN 报文的 ID 号记录下来，当 Node_A 在总线上侦听到一帧报文时，它就会判断听到的这一帧报文的 ID 号是否在自己记录的 ID 号中。如果在，那么 Node_A 就接收该报文，否则就不管这一帧报文。

6. 远程数据请求

某个节点 Node_A 可以通过发送"遥控帧"到总线上的方式，请求某个节点 Node_B 来发送由该遥控帧所指定的报文。

7. 错误检测、错误通知、错误恢复功能

所有节点都可以检测出错误（错误检测功能），也就是说只要总线上发生了错误，那么该总线上的所有节点都能发现这个错误。检测出错误的节点会立即通知总线上其他所有的节点（错误通知功能）。正在发送消息的节点，如果检测到错误，会立即停止当前的发送，并在同时不断地重复发送此消息，直到该消息发送成功为止（错误恢复功能）。

8. 故障封闭

CAN 总线上的节点能够判断错误的类型，能够判断是暂时性的错误（如噪声干扰）还是持续性的错误（如节点内部故障）。如果判断是严重的持续性错误，那么节点就会切断自己与总线的联系，从而避免影响总线上其他节点的正常工作。

（六）CAN 通信网络结构

实际上，CAN 总线网络底层只采用了 OSI 基本参照模型中的数据链路层、传输层。而在 CAN 网络高层仅采用了 OSI 基本参照模型的应用层，如图 8.11 所示。

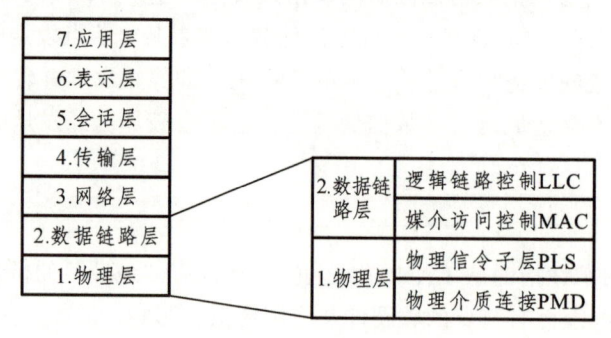

图 8.11 OSI 参考模型

在 CAN 协议中，ISO 标准只对数据链路层和物理层做了规定。对于数据链路层和物理层的一部分，ISO11898 和 ISO11519 的规定是相同，但是在物理层的 PMD 子层和 MDI 子层是不同的，如图 8.12 所示。

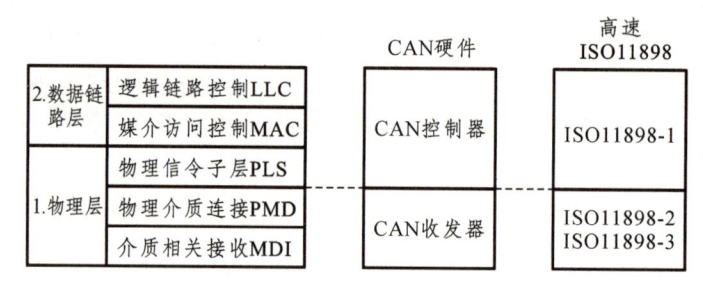

图 8.12 几种不同种区别

在 CAN 网络中，数据链路层定义的事项见表 8.2。

表 8.2 数据链路层

2.数据链路层	逻辑链路控制 LLC	接收过滤	点到点，组播，广播
		过载通知	通知"接收准备尚未完成"
		错误恢复	再次发送
	媒介访问控制 MAC	数据打包/解包	数据帧、遥控帧、错误帧、过载帧、帧间隔
		连接控制方式	竞争方式，支持多点传送
		仲裁方式	位仲裁方式，优先级高的 ID 可以继续被发送
		故障扩散抑制	自动判定暂时性错误或持续性错误，并切断持续性错误节点与总线间的联系
		错误通知	CRC 错误、填充位错误、位错误、ACK 错误、格式错误
		错误检测	所有节点均可随时检测出错误
		应答方式	ACK 应答，NACK 应答
		通信方式	半双工通信、串行通信

任务三　电池历史信息的存储与分析

一、历史信息存储的必要性

电池历史信息存储并非电池管理系统所必需的功能，但在先进的动力电池管理系统中往往考虑这项功能。信息存储从时效上具有两种方式，即"临时存储"与"永久存储"。其中，临时存储是利用 RAM，暂时保存电池信息，如暂存上一分钟估算所得的剩余电量及在过去一分钟内电流的变化信息，以便估算出此时此刻电池的剩余容量值。永久存储可利用 EEROM、Flash Memory 等来实现，可保存时间跨度较大的历史信息。

进行电池历史信息存储具有以下几个方面的意义：

（1）数据缓冲，提高分析估算的精度。例如，由于存在干扰，实时监测到的电压、电流的数据存在错误，利用历史数据，有助于对可能存在的错误数据进行滤除，以得到更精确的数据。

（2）有助于电池状态分析。特别是能根据一段时间电池的历史数据，对电池的老化状态等进行评估。

（3）有助于故障分析与排除。电池历史信息存储功能类似于飞机的黑匣子，当电动汽车发生故障以后，可以通过对历史数据的分析发现故障原因，利于故障排除。

二、历史信息存储的实现

动力电池作为混合动力电动汽车的关键零部件之一，由于其一致性差等原因易导致整组电池性能下降，从而直接影响整车的可靠性与安全性。为了满足实际的整车控制需求而调整和优化控制器中的控制参数，需要收集大量的工作数据，以便离线分析电池性能以及进行系统标定。传统的收集数据方法通常是利用串口或 CAN 总线将实时数据读入计算机，但是该方法还局限于实验阶段，一般需要 PC 机参与，在实际工作中的数据较难获得。国外有公司生产的基于 CAN 总线的行车记录仪，体积较大且价格昂贵，仅适用于整车厂研发新车时使用。利用 SD 卡（Se-cure DIGItal Memory Card）轻巧、传输速度高、容量大、成本低、读写方便的优点，以及在原有电池管理系统上配置方便的特点，一种小巧的应用于电池管理系统的海量历史数据存储系统，采用标准 Windows 系统 FAT32 文件格式存储，可以方便将数据导入到计算机中。一次换卡可以记录 1 年的数据，为电池管理系统和电池特性的研究准备了大量第一手数据。

（一）SD 卡硬件电路

SD 是新一代半导体存储设备卡，其外形及引脚定义如图 8.13 所示。SD 卡工作电压为 2.0～3.6 V，最大读写速度达 10 MB/s（4 位数据线并用），并且提供了 SD 和 SPI 两种通信模式。在使用时，主机只能通过其中一种方式与 SD 卡进行通信，该模式通过上电后检测 Reset 命令来决定。采用 SPI 方式操作 SD 卡具有接口电路简单（DSP 芯片 TMS320LF2407A 提供 SPI 接口），并且通信协议也十分简洁的优点。

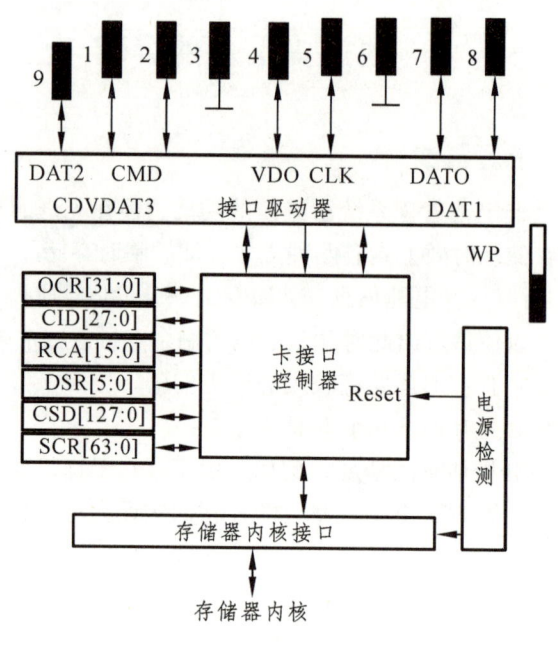

图 8.13 连接方式

（二）软件程序

软件的主要难点是 SD 卡驱动与 FAT32 文件系统的结合方式设计。FAT32 文件系统的实现有一定的复杂性，如果设计得不好不但会浪费大量 CPU 资源，而且可能造成数据丢失、覆盖等严重后果。采用传统数据流式程序设计思想实现起来比较困难，Debug 也很不方便。本设计引用现代 Windows 操作系统惯用的层次模型划分的方法开发了一套基于 SD 卡的 FAT32 文件系统协议包，具有层次分明、结构紧凑、可移植性强及逻辑清晰的特点。

1. FAT32 文件系统

FAT32 是由 Microsoft 设计并运用得非常成功的文件系统。至今 FAT32 依然占据着 Microsoft Windows 文件系统中重要的地位。FAT32 改进了 FAT16 和 FAT12 不支持大分区、单位簇的容量过大以致空间急剧浪费等缺点。由引导扇区、FAT 表、根目录和数据区 4 大部分组成。图 8.14 标出了 FAT32 分区的基本构成，FAT2 是 FAT1 的备份，用于在 FAT1 损坏时修复。

图 8.14 分析处理

2. SD 卡 SPI 通信协议

发送给 SD 卡的命令采用 6 字节的格式。命令的第 1 个字节可通过将 6 位命令码与 16 进制码 0x40 进行或运算得到。如果命令需要，则在接下来的 4 个字节中提供一个 32 位的参数，最后 1 个字节包含了从第 1 个字节到第 5 个字节的 CRC-7 校验和。

3. 下位机软件设计

下位机 SD 存储卡驱动程序采用层次化的方法设计，下一层提供面向上一层的接口支持。其中，SPI 硬件层是与 BMS 中所采用的芯片 TMS320LF2407A 相关的，SD 卡命令集则实现 DSP 与 SD 存储卡通信需要的 SPI 命令集的子集，SD 卡 API 层包装好 SD 卡命令集，使其便于 FAT32 文件系统层使用。FAT32 文件系统层即实现了按照 FAT32 文件系统要求的文件存储方案。最上层是 BMS 应用层，负责将 BMS 系统采集的电池包状态信息打包并以 FAT32 形式存储到 SD 卡上。因为本系统只需要文件保存功能，故 FAT32 文件系统层和 SD 卡硬层都做了精简处理，这样明显减少了驱动设计时的复杂程度。

三、历史信息的分析处理

FAT 表（File Allocation Table 文件分配表）记录文件在介质上的放置位置，即簇号序列。每个表项记录的簇号都是 32 位的，故这个方法称为 FAT32。表 8.3 所示是一段简化的 FAT 表，第 2 簇记录根目录存放位置，第 3 簇记录某文件存储的下一簇号（该文件从本簇即第 3 簇开始存放）是 6 号，第 6 号又记录接下来的簇号……直到标记 FF 表示文件结束。同样道理从第 12 簇开始存放另一个文件，该文件在第 93 簇存放结束。从表中可以看出，文件是可以非连续存放的，这样可以充分利用 SD 存储介质的空间，并且可以保证存放 BMS 采集数据不会发生重叠，冲掉以前数据。表 8.4 列出了 FAT 表各记录项的取值含义。

表 8.3　FAT 表与文件存位置的对应关系

簇号	2	3	…	11	12	13	…	65	66	…	86	87	…	93	94	…
数据	根目录	4	…	End	13	14	…	87	67	…	End	88	…	End	00	00

表 8.4　FAT32 记录项的取值含义

FAT32	记录项的取值（32 位）	对应簇的表现情况
	0x0000 0000	未分配的簇
0x0000	0002 ~ 0xFFFF FFEF	已分配的簇
0xFFFF	FFF0 ~ 0xFFFF FFF6	系统保留簇
	0xFFFF FFF7	坏簇
0xFFFF	FFF8 ~ 0xFFFF FFF6	文件结束簇

系统在存储一个文件时先计算出需要几个簇的空间来存放，再从 FAT 表中找出这相应个数的空闲簇，并且修改记录项的取值使之首尾连成一串。然后在目录表中创建一个新的文件项，并记录它在介质上存放的首簇号。这样在读文件时，只要直接从目录表中找到该文件的记录项，获取它的首簇号就能把文件读出来了。FAT32 文件系统目录的记录项的结构定义如表 8.5 所示。

表 8.5　FAT32 目录记录项的结构定义

字节偏移	字节数	定义		字节偏移	字节数	定义
0x00～0x07	8	文件名		0x0D	1	创建时间的 10 毫秒位
0x80～0x0A	3	扩展名		0xE～0xF	2	文件创建时间
0x0B*	1	属性字节	0000 0000（读写）	0x10～0x11	2	文件创建日期
			0000 0001（只读）	0x12～0x13	2	文件最后访问日期
			0000 0010（隐蔽）	0x14～0x15	2	文件起始簇号高 16 位
			0000 0100（系统）	0x16～0x17	2	文件最近修改时间
			0000 1000（卷标）	0x18～0x19	2	文件最近修改日期
			0001 0000（子目录）	0x1A～0x1B	2	文件起始簇号低 16 位
			0010 0000（归档）	0x1C～0x1F	4	文件的长度

（三）数据处理

电动汽车在运行时，BMS 会连续产生大量的监测数据，这些数据分可以是监测量和诊断量。监测量为实时测量动力母线上的电压、电流、动力电池箱内的模块电压和温度等；诊断量为 BMS 对实时量的处理结果，包括 SOC、SOH 和故障码等

监测量，作为 BMS 的首要职责，涵盖了对动力母线上的电压、电流，以及动力电池箱内每个模块的电压、温度等参数的实时捕捉。通过这些精确的数值，BMS 能够准确把握电池组的实时状态，确保其在各种工况下都能稳定运行。

而诊断量，则是 BMS 智慧的结晶。它不仅仅是对监测量进行简单的处理，更是通过复杂的算法和模型，对电池组的健康状态进行深度评估。其中，SOC（剩余电量）作为电池当前可使用电量的量化指标，直接关系到电动汽车的续航里程和用户体验。SOH（健康状态）则是评估电池老化程度的关键指标，对于指导用户合理用车、及时更换电池具有重要意义。

此外，BMS 还具备高度的智能性。它能够根据监测量和诊断量的变化，实时预测电池组未来的电量需求，并与车辆的导航系统相结合，为用户提前规划充电路线和时间。这种预见性的智能管理，不仅提高了用户的用车体验，还极大地增强了电动汽车的续航能力和安全性。

更值得一提的是，现代电动汽车的 BMS 还具备远程监控和数据分析能力。通过云计算和大数据技术，BMS 可以将实时监测数据上传到云端，由专业的数据分析团队进行深度挖掘和分析。这样不仅能够为用户提供更加精准的电池管理建议，还能够及时发现和解决潜在的安全隐患，进一步提升电动汽车的安全性和可靠性。

总之，电动汽车的 BMS 系统以其高效、智能的监测和诊断能力，为电动汽车的安全、高效运行提供了坚实的保障。随着技术的不断进步和应用场景的不断拓展，未来的 BMS 系统将更加先进、智能，为电动汽车的发展注入更加强劲的动力。

项目九　热管理系统

任务一　动力电池热管理系统的概述

一、温度对电池性能的影响

温度是电动汽车动力电源系统中控制的最主要的参数之一,也是影响电池性能的最主要的参数,包括电池的内阻、充电性能、放电性能、安全性、寿命等。

电池热管理系统认知

(一)温度对放电性能的影响

温度对放电性能的影响直接反应到放电容量和放电电压上。温度降低,电池内阻加大,电化学反应速度放慢,极化内阻迅速增加,电池放电容量和放电平台下降,影响电池功率和能量的输出。

以 80 A·h 的镍氢电池放电为例,常温下将电池充满电,在不同温度下以 1 C 电流放电,容量与温度的关系如图 9.1 所示。−20 ℃时,放电容量最小;25 ℃时,放电容量最大。随着温度升高,放电容量降低,但中高温的放电容量明显比低温时放电容量大,说明中高温放电性能强于低温放电性能。这是因为高温有利于金属氢化物中氢原子的扩散,提高了金属氢化物动力学性能,同时电解液 KOH 的导电率随温度升高而增加,在高温下电解质导电率大,电流迁移能力强,迁移内阻减小,电流充放电性能增强。

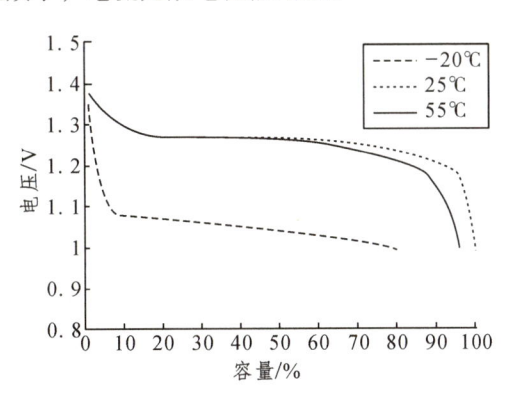

图 9.1　容量与电压关系

温度对过电势的影响较为显著,温度越高,过电势越小,电极反应越容易进行。

（二）温度对充电性能的影响

低温充电会带来许多问题，锂离子电池低温充电时，正极锂脱出快，负极锂向内部的嵌入速度慢，就会造成锂金属在电极表面的积累，生成枝晶，使电池短路；Ni/MH 电池在低温充电时，由于储氢负极对氢的吸收速度变慢，氢来不及被储氢合金吸收，就会形成氢气，增大电池内压，影响安全性能。

目前无法从根本上解决电池的低温充电问题。但是纯电动汽车在低温情况下充电时可以根据温度进行控制，前期采用恒电流充电，随着充电的进行，电池组温度逐渐升高充电接受能力上升，对正常使用的影响也较小。

（三）温度对荷电保持能力影响

随着温度升高，各种化学反应速度加快，电池的自放电会加大。高温条件下储存，容量损失最大；低温条件下储存，容量损失最小。这主要是因为电池在储存过程中，经高温储存后，负极活性物质的稀土元素在强碱液中不稳定，发生腐蚀生成了 M(OH)，如合金粉表面生成了氧化膜。在高温情况下 NiOOH 的分解速度也会加快。这些加速了电池高温储存条件下的自放电和容量损失。锂离子电池也存在相同的情况。为了避免在储存时电极发生钝化或腐蚀，使电池性能降低，一般电池在储存时需要负荷一定的电量，并且对储存环境温度有一定限制。

（四）温度对电池循环寿命的影响

根据动力电池不同温度下的循环特性实验总得出，镍氢电池无论是常规寿命实验还是工况寿命实验都以高温 55 ℃ 温度条件下的容量衰减最快，200 次循环其放电容量就低于初始容量的 60%；低温 0 ℃ 条件下的常规循环寿命实验中，放电容量的变化曲线与常温条件下的相接近。主要是在高温循环寿命中，尤其是高倍率循环实验，正极活性物质 BNi(OH) 会加速生成 αNiOOH 和 H，从而使电极体积发生膨胀，导致电极变形出现裂纹，活性物质脱落，最终造成电池化学容量衰退。同时，高温高倍率也加速了负极的粉化过程，导致负极的氧复合能力和颗粒间的导电能力都有所下降，不利于化学反应的进行。而且正极的膨胀吸收了隔膜的电解液，使电池欧姆阻抗增大，且在充放电循环过程中，隔膜也易氧化降解，使其完全去吸附电解液的能力，导致电池失效。锂离子电池的循环寿命也具有同样的特征。

（五）温度对 SOC 的影响

以同样的充放电条件，电池温度越高，电池 SOC 差异越大。如果电池组内温度分布不均匀，将会导致充电效率不一样，而且由于电池容量的差异，一部分电池很容易产生过充电。在放电过程中，这一部分电池容易过放。在经过多次充放电循环后，电池之间的性能差异越来越大，容易造成恶性循环。电池性能下降，表现为可充入的电量减少，发热更严重，降低其安全性，缩短寿命。

（六）温度对安全性的影响

所有的安全性问题最终都可以归结到温度问题。温度升高会使物质腐蚀速度加快，达到一定温度会使电极物质、隔膜、电解液等发生分解，从而引发安全隐患。控制温度在一定范围内，是消除安全隐患的主要措施。

二、热管理系统的重要性

电池热管理系统的作用是应对电池的热相关问题，保证动力电池使用性能、安全性和寿命的关键系统之一。电池热管理系统的主要功能包括：① 在电池温度较高时进行散热，防止产生热失控事故；② 在电池温度较低时进行预热，提升电池温度，确保低温下的充电、放电性能和安全性；③ 减小电池组内的温度差异，抑制局部热区的形成，防止高温位置处电池过快衰减，降低电池组整体寿命。

三、动力电池热管理系统分类及结构与功能

（一）热管理系统的分类

根据不同的热管理方式，电池热管理系统可以分为以下几种类型：

1. 空气冷却系统

空气冷却系统又称风冷系统，通过强制或自然对流方式，使得空气在电池表面或电池组内部流动，带走电池产生的热量，实现电池的冷却，如图 9.2 所示。空气冷却系统结构简单、成本相对较低，但冷却效果受到环境温度的影响较大。

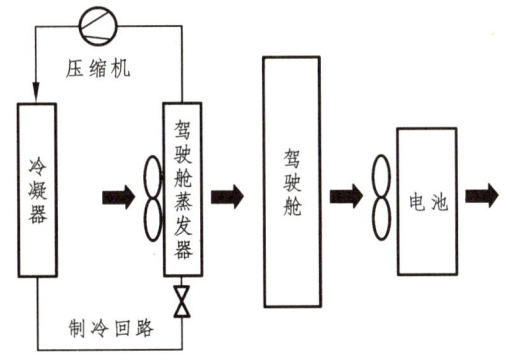

图 9.2　空气冷却系统

空气冷却系统（风冷式冷却系统）

2. 液体冷却系统

液体冷却系统通过循环流动的冷却液（如水、乙二醇等）带走电池产生的热量，如图 9.3 所示。液体冷却系统的冷却效果较好，且受环境温度影响较小，但结构相对复杂，成本较高。

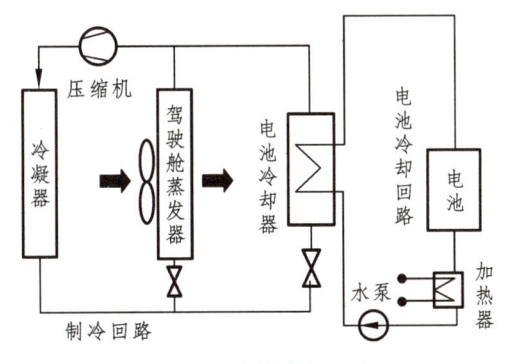

图 9.3　液体冷却系统

3. 相变材料冷却系统

相变材料冷却系统利用相变材料在相变过程中吸收或释放大量热量，实现电池的热管理。相变材料冷却系统具有较好的热容量和热导率，能够实现高效的热管理，但其成本相对较高，且需要考虑相变材料与电池之间的热接触问题。

4. 热电偶冷却系统

热电偶冷却系统利用热电偶原理，通过电流在热电偶两端产生的温差，实现对电池的冷却。热电偶冷却系统具有较高的冷却效率，且无须额外的冷却介质，但成本相对较高，在大功率应用中可能存在局限性。

5. 冷却板系统

冷却板系统通过将冷却板安装在电池组的底部或侧部，利用冷却板与电池的热接触实现热量传递。冷却板系统具有较好的冷却性能，且结构相对简单，但需要考虑冷却板与电池之间的热接触问题。

6. 综合热管理系统

综合热管理系统是将多种热管理方式相互结合，根据实际需求进行热管理。例如，可以将空气冷却与液体冷却相结合，实现更加高效的冷却效果。综合热管理系统具有较好的冷却性能和适应性，但结构相对复杂，成本较高。

（二）动力电池热管理系统结构与功能

1. 温度传感器

温度传感器是电池热管理系统中至关重要的组件之一，主要用于实时监测电池的温度。常见的温度传感器有热电偶、热敏电阻（NTC）和铂电阻（见图9.4）等。它们各自具有不同的特点和优缺点，因此在实际应用中会根据具体需求进行选择。

图 9.4　铂电阻温度传感器

2. 冷却介质与循环系统

冷却介质与循环系统是电池热管理系统的核心部分，负责将电池产生的热量有效地传导并散发到环境中。冷却介质主要包括空气和液体。空气冷却系统采用风扇来强制对电池进行散热，优点是结构简单、成本低，但散热效果相对较差。液体冷却系统通过循环冷却液来吸收并传导电池产生的热量，具有更好的散热效果（见图 9.5）。例如，宁德时代采用的液冷电池热管理系统就是利用液体循环来实现电池的冷却。

图 9.5　动力电池的冷却介质与循环系统

3. 散热器与换热器

散热器与换热器是电池热管理系统中用于实现热量传递的关键部件。散热器的作用是将冷却介质中吸收的热量散发到环境中。换热器则负责在不同介质之间进行热量交换。例如，在液冷系统中，冷却液会经过换热器与环境空气或其他介质进行热量交换，实现电池的冷却（见图 9.6）。

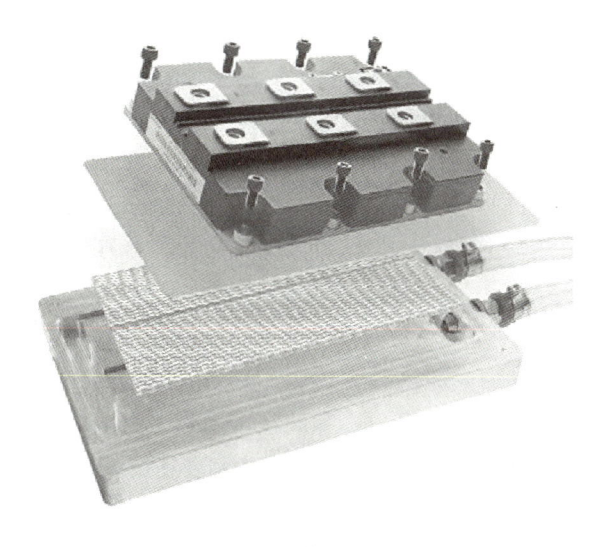

图 9.6　电池散热器

4. 控制器与执行器

控制器是电池热管理系统中负责控制整个系统运行的核心部件。它会根据温度传感器采集到的数据，对冷却介质的流动、风扇转速等进行调节，以确保电池在合适的温度范围内运行。执行器则是将控制器发出的指令转化为实际操作的部件，如电动压缩机（见图 9.7）、PTC、风扇等。

图 9.7　电动压缩机

5. 电池热管理系统的工作原理与流程

（1）信息采集：温度传感器实时监测电池的温度，并将数据传输至热管理系统控制器。此外，系统还会收集来自车辆的其他相关信息，如电池的充放电状态、车速等。

（2）数据处理：控制器对收集到的数据进行处理和分析，判断电池当前的热状态。根据电池的温度、充放电状态等信息，控制器会决定是否需要启动冷却或加热系统来调节电池温度。

（3）冷却或加热操作：根据数据处理结果，控制器会向执行器发送指令。

① 当电池温度过高时，控制器会启动冷却液循环泵，使冷却液流经电池组与换热器之间的冷却通道。冷却液通过电池组的冷却通道，吸收电池产生的热量，从而降低电池的温度。吸热后的冷却液继续流向散热器。风扇或水泵将散热器的热量传递到外部环境，使冷却液冷却下来。冷却液经过散热器冷却后，再次流向电池组，循环往复，确保电池温度保持在合适的范围内。

② 当电池温度过低时，控制器会启动加热器，将热量传递给冷却液。加热器可以是电阻丝加热器、PTC 加热器或燃烧式加热器等。加热后的冷却液被循环泵送入电池组的冷却通道，将热量传递给电池，使电池温度升高。冷却液在传递热量给电池后，会继续流回加热器，再次被加热。这个过程会持续进行，直到电池温度达到合适的范围。

（4）系统调整：在冷却或加热过程中，控制器会根据温度传感器的实时反馈调整冷却介质流速或加热器的输出功率，以保持电池温度在合适的范围内。

（5）循环：以上步骤会持续循环，确保电池在整个工作过程中维持在合适的温度范围，从而保证电池的性能和寿命。

整个工作流程由温度监测、数据处理、冷却或加热操作、系统调整和循环组成，共同实现对电池温度的精确控制。通过电池热管理系统的调节，可以确保电池在各种工况下保持在最佳的工作状态，提高其性能和寿命。

任务二　风冷和液冷散热系统

一、风冷散热系统

风冷却也称为空气冷却，这种方式冷却的驱动电机适用于低速车、A00 级车及混合动力（48 V）车型。风冷可以分为自然风冷和强制风冷，自然风冷主要依靠壳体表面和端盖散热筋的散热；强制风冷是驱动电机自带同轴风扇（见图 9.8）来形成内风路循环或外风路循环，通过风扇产生足够的风量，带走驱动电机所产生的热量。

图 9.8　强制风冷风扇

二、液冷散热系统

液体冷却是目前新能源汽车驱动电机应用最广泛的冷却散热方式，液体冷却可根据冷却介质的不同，分为水冷和油冷两种方式。其中，水冷是纯电动汽车电驱系统的常用形式，油冷在混合动力车型上较为常见。水冷是将冷却液通过管道和通路引入定子或壳体内部的冷却水道，通过循环水不断地流动，带走电机转子和定子产生的热量，同时间接冷却电机轴承，确保电机在高效率区间稳定运行，图 9.9 所示为水冷电驱散热流程。

油冷电驱的热传导率高，即冷却效率高，源于冷却油可直接与电机发热部件接触，将电机转子、定子进行浸入式冷却，直接冷却热源，可以进行更完全的热交换，图 9.10 所示为油冷电驱散热系统架构。

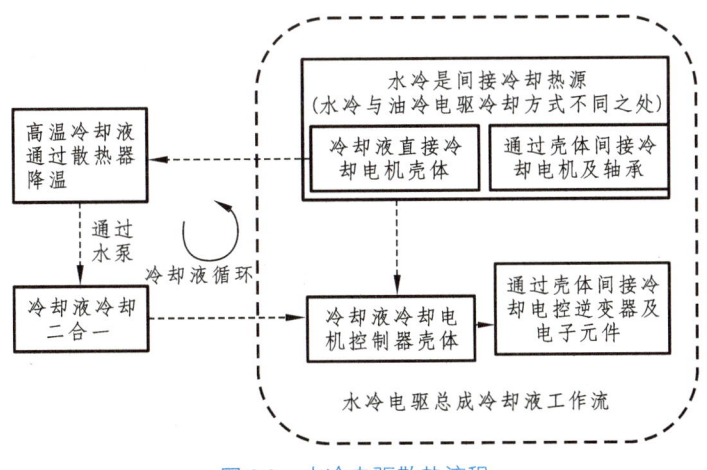

图 9.9　水冷电驱散热流程

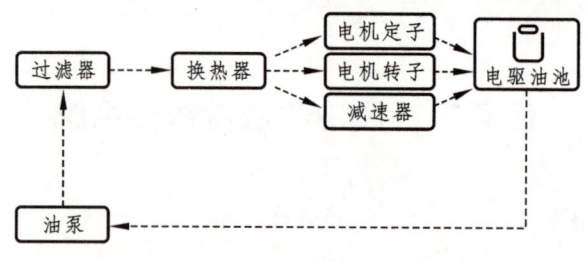

图 9.10　油冷电驱散热系统架构

液体冷却的冷却效果比风冷更显著。但是，需要良好的机械密封装置，液体循环系统结构复杂，存在渗漏隐患，如果发生液体渗漏，会造成电机绝缘破坏，可能烧毁电机。

纯电动汽车的电驱冷却系统通常采用水冷式冷却系统，这里主要介绍水冷式电驱冷却系统组成。

水冷式电驱冷却系统主要由电动水泵、散热器、电动风扇、储液罐、驱动电机内冷却管路和冷却循环管路等组成，如图 9.11 所示。其中，有些冷却循环管路要经过电机控制器底部和驱动电机壳体，以便于冷却电机控制器和驱动电机。

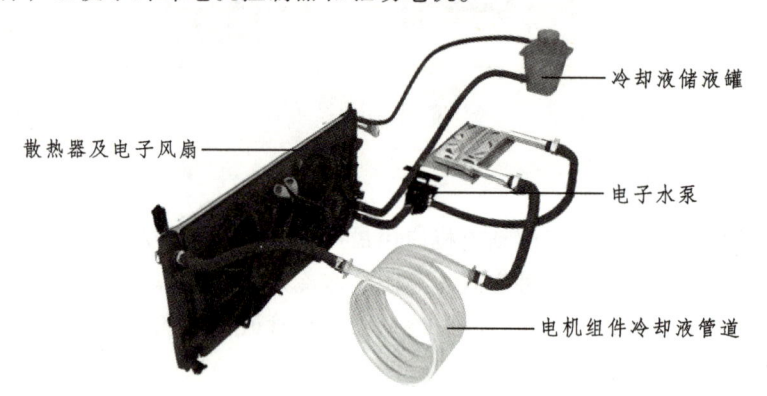

图 9.11　水冷式电驱冷却系统

（一）电动水泵

电动水泵，如图 9.12 所示，它的功用是对冷却液加压，保证其在冷却系统中循环流动。水泵是整个冷却系统唯一的动力元件，负责为冷却液的循环提供机械能。根据控制方式的不同，电动水泵主要有电磁离合器式和电子控制式，纯电动汽车上使用的多是电子控制式电动水泵。

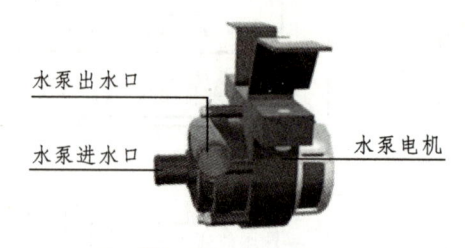

图 9.12　电动水泵

电子控制式电动水泵主要由过流单元、电机单元和电子控制单元三部分组成。因带有电子控制单元所以可以随意调整水泵的工作状态，如控制水泵启动/停止、流量控制、压力控制、防干运转保护、自维护等功能，可以通过外部信号控制水泵的工作状态。

(二) 散热器

散热器主要由左储水室、右储水室、散热器翼片、散热器芯、进水管接口、出水管接口、放水螺塞以及溢流管接口等部件组成，如图 9.13 所示。散热器的作用是将冷却液在水管中所吸收的热量散发至外界大气，使水温下降。

图 9.13　散热器结构

按照散热器中冷却液流动的方向，可将散热器分为纵流式散热器和横流式散热器两种，如图 9.14 所示。

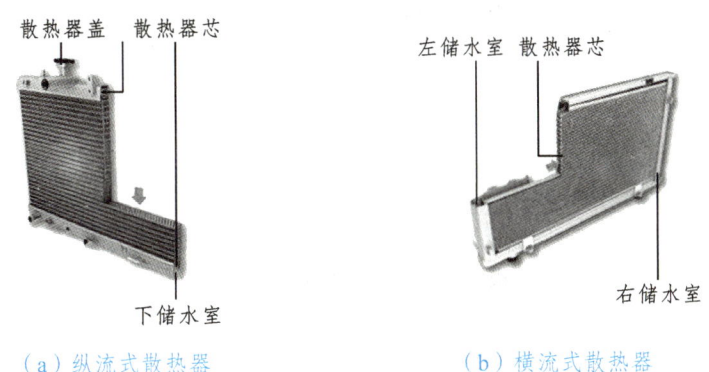

（a）纵流式散热器　　（b）横流式散热器

图 9.14　散热器分类

(三) 电动风扇

电动风扇组件位于散热器的内侧，主要由导热罩、电动机、冷却风扇等部件组成，如图 9.15 所示。电动风扇的功用是提高通过散热器芯的空气流速与流量，增强散热器的散热能力，加速冷却液的冷却。风扇按其结构原理和驱动方式分为轴流式风扇、贯流式风扇和离心式风扇。目前，新能源汽车常用的电动风扇为轴流式电动风扇。

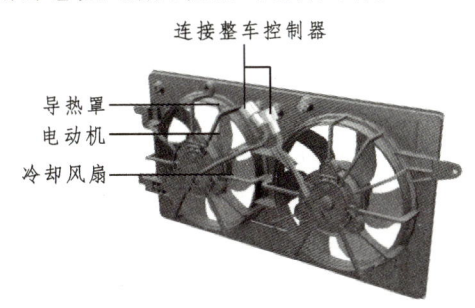

图 9.15　电动电风扇

(四)储液罐

储液罐(见图 9.16)的作用是便于观察冷却液是否缺少、储存冷却液。汽车冷却系统中的冷却液不但可以防止水结冰,还可以减少水垢生成、水泵叶轮的磨损,提高散热能力。当冷却液温度升高而体积增大时,液体压力将推开散热器上活门,散热器中的冷却液或蒸汽会沿蒸气连通管进入储液罐;当冷却液的温度降低时,散热器内压力下降,冷却液沿着连通管经散热器盖上的进气阀门流向散热器。储液罐上部盖口有一个蒸气引出管,一旦蒸气温度太高时,可以通过蒸气从管口排出。

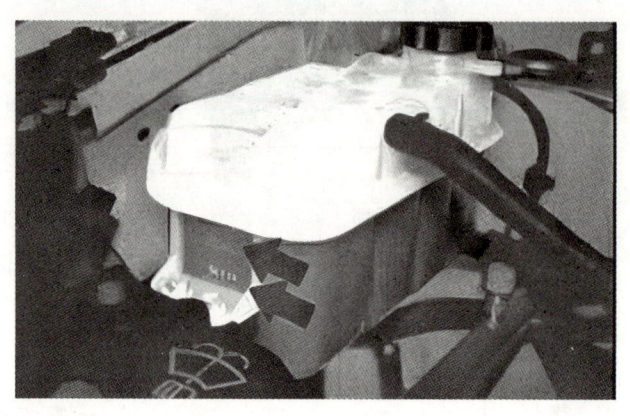

图 9.16 储液罐

(五)驱动电机内冷却管路

驱动电机内冷却管路(见图 9.17)作为新能源汽车上的重要零部件,需要满足耐水解、耐油、耐高温、轻量化等多种要求。目前,应用于汽车的管道材料可以分为三大类,分别是金属、橡胶和尼龙塑料。

图 9.17 驱动电机内冷却管路

电机驱动系统的冷却系统中,电机控制器的工作温度一般不超过 75 ℃,驱动电机的工作温度一般不超过 120 ℃。所有电驱冷却系统中的冷却液循环方式是先冷却电机控制器再冷却驱动电机。如果冷却水管装错,由驱动电机流出的冷却水再流入电机控制器,过高的水温导致电机控制器中电器元件损坏,甚至无法工作。电机驱动冷却系统通常采用的是强制循环式水冷却,其使用电动水泵提高冷却液的压力,强制冷却液在电动水泵、驱动电机、电机控制器、散热器之间循环流动，通过热交换来降低电机驱动系统的主要部件的温度，如图 9.18 所示。

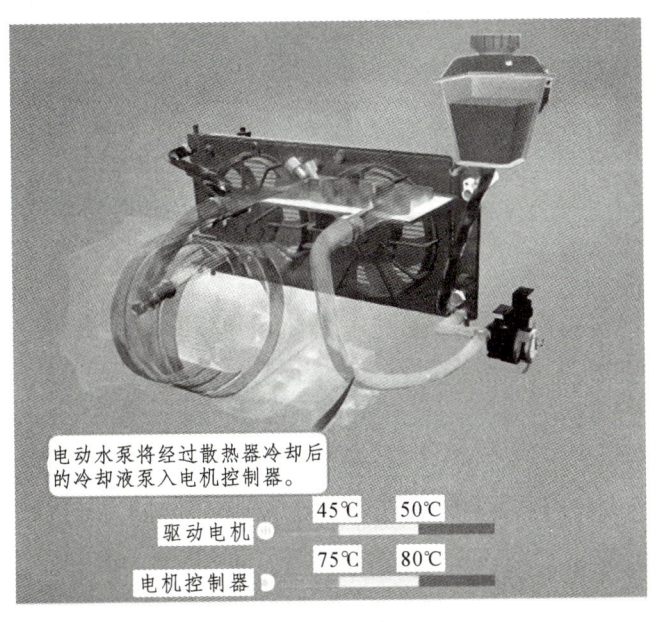

图 9.18　各部件温度

水冷式电驱冷却系统的工作原理如下：在纯电动汽车工作过程中，驱动电机的温度传感器和电机控制器内的温度传感器实时监测驱动电机和电机控制器的工作温度送给电机控制器。当电机控制器判定电驱系统的驱动电机和电控制器温度较高需要散热时，相应控制器（如空调控制器、整车控制器）控制电动水泵和散热风扇工作，电驱冷却系统开始工作。具体冷却过程为：电动水泵将储液罐中的冷却液泵入电机控制器，电机控制器对冷却液进行冷却后，冷却液从出水口流入驱动电机外壳水套，吸收驱动电机的热量后冷却液随之升温，随后冷却液从驱动电机的出水口流出经过冷却管路流入散热器，在散热器中冷却液通过流经散热器周围的空气散热而降温，最后冷却液经散热器出水软管返回电动水泵，如此往复循环。

任务三　相变材料的应用

一、相变和相变材料

（一）相变材料

相，是材料科学的一个名词，指物理、化学性质完全一致并且与周围其他物质具有明显边界的物质存在状态。宏观上看，物质的相有三种，气相、液相、固相。

相变，就是物质从一种相到另外一种相的变迁，过程中温度几乎不变，存在一个宽阔的温度平台，同时吸热和放热现象明显。

相变潜热，单位质量的物质，从一个相态转化到另一个相态，过程中温度不发生变化，整个过程中吸收或者放出的热量总和，叫作相变潜热。一种物质的相变潜热，与发生相变时的温度、相变前后的体积变化以及系统压力变化率成正比。

相变材料,虽然自然界和工业中存在着很多种发生相变并伴随有热量吸放的材料,但工程上,主要指那些相变过程中温度变化范围比较窄,潜热量大的材料。如果材料自身具备良好的导热性能,则可以在更多的热管理场合应用。

应用于热管理场合的相变材料一般需要满足几个条件。首先,材料热密度高,潜热量大;其次,导热率高,吸热放热过程迅速;再次,稳定性好,不容易分解以及与周边材料发生副反应,使用周期长,不会对系统造成不良影响;最后,价格低廉。

(二)相变冷却的应用范围

相变材料的吸热放热过程系统温度平稳,可以达到近似恒温的效果,已经在很多领域得到应用,包括大功率电力电子器件的冷却,太阳能系统的冷却,建筑材料,工业余热利用,家用车用空调系统以及锂电池的热管理系统。

相变材料的两个指标参数,相变潜热和相变温度,基本圈定了一种材料所能适用的环境类型。相变潜热越大,材料保持环境温度恒定的能力越强。

(三)相变材料的种类

相变材料可以分为无机相变材料、有机相变材料和复合相变材料三种。

(1)无机相变材料,主要指无机水合盐相变材料,其相变潜热大,熔解温度高。主要的无机相变材料:$CaCl_2 \cdot 6H_2O$、$Na_2SO_4 \cdot 10H_2O$、$CaBr_2 \cdot 6H_2O$、$CH_3COONa \cdot 3H_2O$ 等。无机相变材料虽具有导热系数大、价格便宜的优点,但存在过冷、相分离及腐蚀性强等缺陷。

(2)有机相变材料,是多种有机物的混合体,不同晶型和不同高分子支链结构的组合,带来不同的恒温范围。这也造就了有机相变材料的一个显著优点,能够通过不同种类材料的混合达到调节相变温度的目的;其另一个优点是,凝固时无过冷现象。石蜡和各种酸酯都属于有机相变材料。

有机相变储能材料主要包括固-液相变、固-固相变、复合相变三大类。

固-液相变材料,主要包括脂肪烃类、脂肪酸类、醇类和聚烯醇类等,优点是不易发生相分离及过冷,腐蚀性较小,潜热大;缺点是液态下容易泄漏。目前,应用较多的主要是脂肪烃类与聚多元醇类化合物。

固-固相变材料,是通过材料晶型的转换实现储能与能量释放的,优点在于体积变化小、无泄漏、无腐蚀和使用寿命长等。目前,已经开发出的具有经济潜力的固-固相变材料主要有多元醇类、高分子类和层状钙钛矿。

有机复合相变材料,指由相变材料与载体物质相结合形成的可保持固态形状的相变材料。相变材料的组成有 2 种材料:工作介质(相变材料)和载体物质。相变材料负责相变吸热放热,载体物质负责保持形态和力学性能。

复合相变材料的主要类型包括导热增强型复合相变材料、共混型复合相变材料、微胶囊型复合相变材料、纳米复合型复合相变材料。

(3)有机无机复合相变材料。将有机材料和无机材料复合在一起使用,各取所长。主要有两种方式,一种是以无机材料为骨架,有机材料作为填充物,附着在骨架上,无机骨架起到支撑形状和维持力学性能的作用,有机材料起到吸收存储热量的作用;另一种是导热材料制作成纤维状，相变材料与之复合成为复合相变材料。

（四）相变材料在动力锂电池包内的应用

1. 锂电池热管理系统对相变材料的要求

（1）相变温度低，需要适应锂电池的最佳工作温度区间 15～35 ℃。

（2）材料相变温度小范围内可以调节，不同类型电芯的最佳工作温度区间并不完全一致。

（3）材料定型形态，相变前后，最好不要出现液态气态相。

（4）材料潜热大，则系统恒温能力强。

（5）材料绝缘性好，避免高压系统出现绝缘漏电风险。

（6）相变材料质量密度低，减小对电池包能量密度的影响。

满足上述要求的材料体系并不多，其中石蜡-膨胀石墨是当前研究较多的一种。

2. 石蜡-膨胀石墨的应用

相变材料在锂电池热管理系统中的应用，最早可以追溯到 2004 年应用于电动踏板车的温控系统。此后，石蜡-石墨复合材料、石蜡-膨胀石墨复合材料逐渐被应用于锂电池热管理系统。

根据研究结果显示，石蜡-膨胀石墨复合相变材料，可以将系统温差降低至 0.2 ℃（没有提供电池组的详细参数，工况电流大小、电池型号等信息）。同时，研究还证明，相变材料，对于抑制热失控的蔓延有良好效果。

石蜡-膨胀石墨复合材料，石蜡作为相变材料，负责热量的吸收和储存，实现温控功能。石墨，具备微观多孔结构，当石蜡相转变成液态，石墨起到完美的吸附作用，避免材料出现液体状态。

图 9.19 所示为一个研究案例中，软包电池之间夹层放置相变材料的实验，两侧电芯的温升明显高于中间电芯。结果表明，在相变温度以下，相变材料散热能力明显好于空气散热，夹层越厚，潜热越多，降温效果越好。

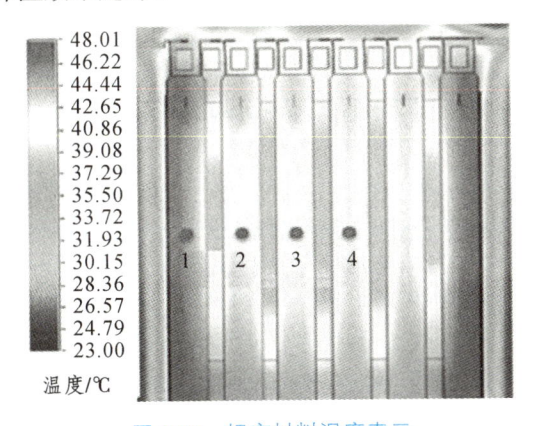

图 9.19 相变材料温度表示

二、相变材料在电动汽车上的应用

相变材料可以快速地吸收电芯产生的热量，在一定范围内起到温度调节的作用，不需要将热量传递到系统以外。但当电池发热功率过大，发热总量过大时，相变材料无法吸收全部热量。当材料相变过程全部结束，电池产热还在源源不断地传递过来，则材料只能在相变温度以上继续升温。此时，必须配合其他类型的冷却方式。

复合风冷和相变材料冷却系统案例。以图 9.20 中方式布置风冷通道和相变材料模块，对比单纯风冷和风冷加相变材料综合冷却的冷却效果有何不同。冷却效果对比如图 9.21 所示。

单纯使用相变材料，效果好于不使用相变材料的自然冷却；单纯风冷的效果略微好于单纯使用相变材料；风冷和相变材料综合使用，效果明显好于前两者。讨论过程中，风量的大小是一个影响因素，可以认为研究人员可以找到一个与单纯使用相变材料效果相近的风量，与相变材料进行叠加后，观察叠加效果。

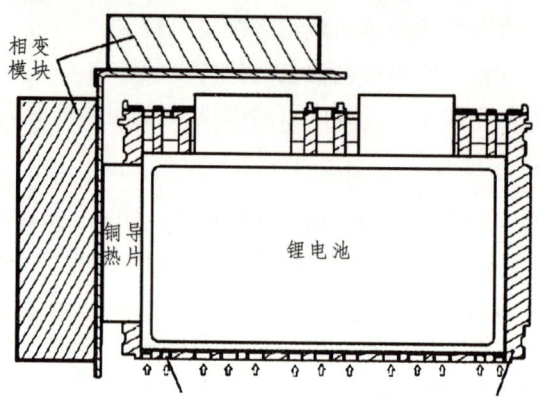

图 9.20　风冷叠加相变材料

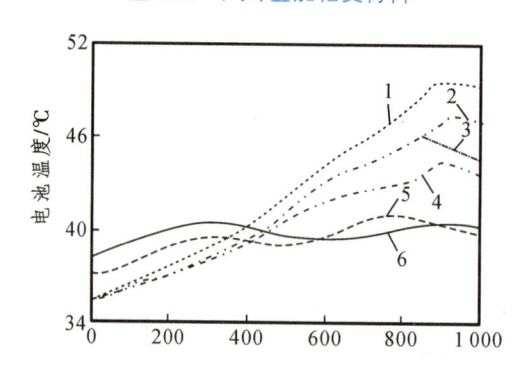

1—自然对流，风冷热管理，放电；2—自然对流，综合热管理，放电；3—风量 18 m³/h，风冷热管理，放电；
4—风量 18 m³/h，综合热管理，放电；5—风量 18 m³/h，风冷热管理，充电；
6—风量 18 m³/h，综合热管理，充电相变-液冷复合。

图 9.21　叠加效果曲线

有研究测试了相变材料与液冷复合的方案。在电芯平行方向上设置相变材料，电芯之间的空间填充相变材料；在与电芯垂直的方向上设置水冷板，如图 9.22 所示。测试效果表明，单纯使用水冷和复合使用水冷和相变冷却两种形式。两个方案冷却效果近似，但添加了相变材料的方案，冷却液流量节省一半。

另一研究案例，在电芯之间填充高导热石墨片，电池组两侧放置相变材料。在相变材料上穿孔，通过两根冷却水管，如图 9.23 所示。案例讨论了不同的相变温度对系统冷却效果的影响，发现相变温度不同，并不会影响系统最终的稳定温度；在相变温度附近开启液冷系统辅助冷却，冷能被相变材料吸收，系统温度稳定维持在相变温度。

图 9.22　底部水冷，中间相变材料

图 9.23　四周相变材料，A、B 方向有水冷管道

相变材料冷却系统，对于锂电池冷却来说，还是一种新的冷却方式，研究案例不多，并且主要以仿真为主。相变材料，由于相变潜热是物质的天然属性，想要有质的提高，需要的周期比较长。就目前的材料看，大功率锂电池系统单独使用相变冷却，不太可能达到冷却要求。但对小功率系统，出于减小系统温差，延长电池寿命的目的，在原来自然冷却的基础上，应用相变材料冷却系统，效果会比较理想。

项目十　动力电源系统的使用与维护

任务一　动力电源系统的使用与维护

一、电源系统维护的准备工作与注意事项

（一）高压防护用品

1. 绝缘手套

绝缘手套（见图 10.1）是用天然橡胶制成的，能起到对人的保护作用，具有防电、防油、耐酸碱等功能。主要在高压电器设备操作时使用，如动力蓄电池高压回路放电、验电，高压部件的拆装。

图 10.1　绝缘手套

2. 绝缘鞋

绝缘鞋（见图 10.2）是高压操作时使人与大地保持绝缘的防护用具，一般在较潮湿的场所使用。绝缘鞋应放在干燥、通风处，不能随意乱放，并且避免接触高温、尖锐物品和酸碱油类物质。

图 10.2　绝缘鞋

3. 绝缘帽

绝缘帽（见图10.3）在电动汽车举升状态维护时使用。

图 10.3　绝缘帽

4. 护目镜

检查和维护电动汽车时需要佩戴护目镜（见图10.4），主要用于防御电器拉弧产生的电火花对眼睛的损伤。

图 10.4　护目镜

5. 绝缘服

绝缘服（见图10.5）主要用于维护人员带电作业时的身体防护。

图 10.5　绝缘服

6. 绝缘垫

绝缘垫（见图 10.6）是具有较大电阻率和耐电击穿的胶垫，主要在电动汽车维护时用于地面的铺设，起到绝缘作用。

图 10.6　绝缘垫

(二) 新能源汽车高压部件识别

1. 高压警示

新能源汽车采用两种形式进行高压警示，即高压警示标记和导线颜色标记。

每辆新能源汽车的高压组件外壳上都带有一个标记，如图 10.7 所示，高压警示标记采用黄色底色或者红色底色，图形上布置有高压触电国家标准。

图 10.7　高压警示标识

新能源汽车的所有高压导线全部用橙色警示标记，高电压的导线插座以及高电压安全插座也是采用橙色设计，动力蓄电池至电源管理器的高压导线也采用橙色（见图 10.8）。

图 10.8　动力电池高压导线（橙色）

2. 认识高压元件

（1）整车高压线束连接的所有模块。

（2）高压元件有动力蓄电池、高压配电箱、车载充电器、太阳能充电器（装有时）、驱动电机控制器总成、DC与空调驱动器总成、电动机总成、电动压缩机总成、电加热芯体PTC、直/交流充电口等。其中，电驱动系统智能实训台高压元件有驱动电机、驱动电机控制器、调压器、薄膜电容、整流桥。动力蓄电池管理系统智能实训台高压元件有手动维修开关、动力蓄电池模组、接触器、车载充电机等。

3. 电动汽车高压安全措施

电动汽车具有高压系统，因此就会存在高压用电危险，考虑到驾驶人和维修人员的安全，为防止触电事故的发生，生产厂家在设计生产电动汽车时采用了一些高压用电安全措施：高压线束、高压标记牌、高压熔断器、维修开关、高压互锁（见图10.9）、漏电传感器。

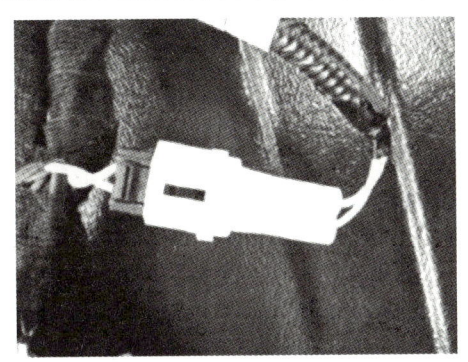

图10.9　高压用电安全措施

（三）注意事项

1. 检查绝缘手套

绝缘手套铭牌上有最大使用电压，电压值越大，手套越厚。根据测量实物的最大电压值选择绝缘手套。

使用绝缘手套前必须进行充气检验气密性，如图10.10所示，发现有任何破损（见图10.11）则不能使用。

图10.10　检查气密性

图 10.11　检查表面破损情况

注意：

（1）当戴绝缘手套作业时，应将衣袖口放进手套筒内，以防发生意外。

（2）绝缘手套使用完后，应将内外擦洗干净，待干燥后，撒上滑石粉放置平整以防受压受损，且不能放置于地上。

（3）如果一副绝缘手套中的一只手套破损，那么这副手套不能继续使用。

2. 检查绝缘鞋

穿戴绝缘鞋前需检查鞋面有无划痕、鞋底有无断裂、鞋面是否干燥，如图 10.12 和图 10.13 所示。

图 10.12　检查鞋底裂痕

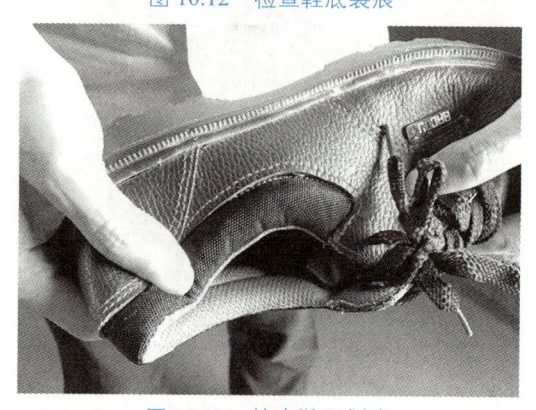

图 10.13　检查鞋面划痕

注意：绝缘鞋应放在干燥、通风处，不能随意乱放，并且避免接触高温、尖锐物品和酸碱油类物质。

3. 检查绝缘帽

绝缘帽使用前应检查有无裂缝或损伤（见图10.14和图10.15），有无明显变形，下带是否完好、牢固。佩戴时必须按照头围的大小调整并系好下颚带。

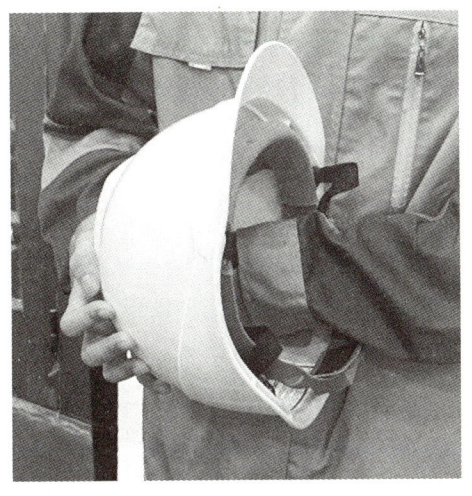

图10.14　检查内部安全

图10.15　检查内部标识

4. 检查护目镜

护目镜使用前需要进行检查，检查其有无裂痕、损坏，如图10.16和图10.17所示。

图10.16　检查弯曲情况

图 10.17　检查表面划痕

5. 测绝缘垫

使用数字绝缘测试仪（见图 10.18）检测绝缘垫对地绝缘性能，需前后左右测量 4 个点，如图 10.19 所示。

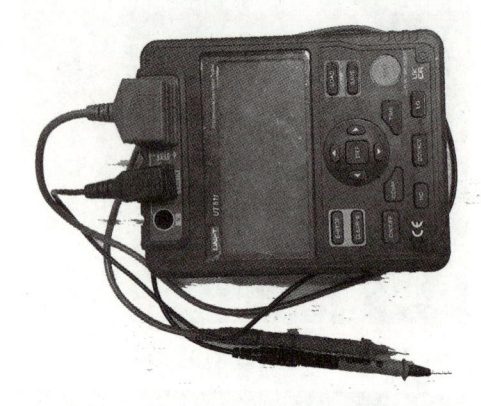

图 10.18　数字绝缘测试仪

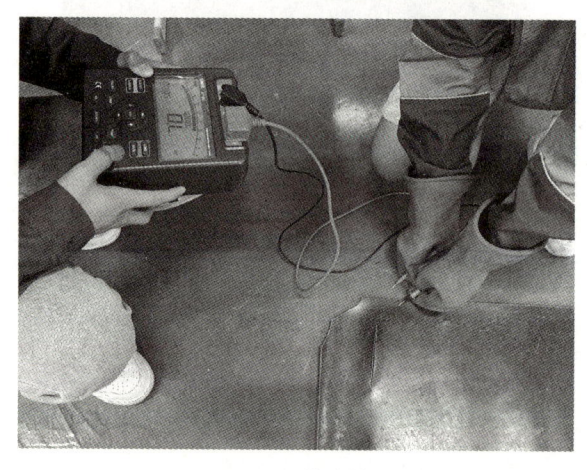

图 10.19　绝缘检测

二、电源系统的常规维护

动力电池品种繁多，性能各异，表征其性能的指标有电性能、力学性能、储存性能等，有时还包括使性能和经济成本。

（一）电　压

电压分为电动势、端电压、额定电压、开路电压、工作电压、放电电压和终止电压等。

（1）电动势。动力电池的电动势，又称动力电池标准电压或理论电压，是组成动力电池的两个电极的平衡电位之差。

（2）端电压。动力电池的端电压是指动力电池正极与负极之间的电位差。

（3）开路电压。动力电池的开路电压是无负荷情下的动力电池端电压。开路电压不等于动力电池的电动势。必须指出，动力电池的电动势是从热力学函数计算而得到的，而动力电池的开路电压则是实际测量出来的。

（4）工作电压。动力电池在某负载下实际的放电电压，通常是电压范围。例如，铅酸蓄电池的工作电压为 1.8~2 V；镍氢电池的作电压为 1.1~1.5 V；锂离子电池的工作电压为 2.75~3.6 V。

（5）额定电压。指电化学体系的动力电池工作时公认的标准电压。例如，锌锰干电池为 1.5 V，镍镉电池为 1.2 V，铅酸蓄电池为 2 V。

（6）终止电压。指放电终止时的电压值，根据放电电流大小放电时间、负载、放电率和使用要求的不同有所不同。以铅酸蓄电池为例，电动势为 2.1 V，额定电压为 2 V，开路电压接近 2.1 V，工作电压为 1.8~2 V，放电终止电压为 1~1.8 V。

（7）充电电压。指外电源的直流电压对动力电池充电的电压。一般充电电压要大于电池的开路电压，通常在一定的范围内。例如，镍镉电池的充电电压为 1.45~1.5 V；锂离子电池的充电电压为 4.1~4.2 V；铅酸蓄电池的充电电压为 2.25~2.7 V。

（8）充压效率。指动力电池的工作电压与动力电池电动势的比值。动力电池放电，由于存在电化学极化、浓差极化和欧姆压降，使动力电池的工作电压小于电动势。改进电极结构（包括真实表面积孔率、孔径分布、活性物质粒子的大小等）和加入添加剂（包括导电物质、膨胀剂、催化剂、疏水剂、掺杂等）是提高动力电池电压效率的两个重要途径。

（二）内　阻

内阻是指动力电池在工作时，电流流过动力电池内部所受到的阻力。动力电池在短时间内的稳态模型可以看作一个电压源，其内部阻抗等效为电压源的内阻，内阻大小决定了动力电池的使用效率。内阻包括欧姆内阻和极化内阻，极化内阻又包括电化学极化内阻和浓差极化内阻。欧姆内阻由电极材料、电解液、隔膜的电阻及各部分零件的接触电阻组成。极化内阻是化学电源的正负极在进行电化学反应时引起的内阻。电池的电量状态及使用寿命会影响电池内阻数值。

（三）容量和比容量

（1）容量。指动力电池在充足电以后，在一定的放电条件下所能释放出的电量，以符号 C 表示，单位为安时（A·h）或毫安时（mA·h）。容量与放电电流大小和充放电截止电压有关。动力电池的容量可分为理论容量、额定容量、实际容量和标称容量。

① 理论容量。假设电极活性物质全部参加动力电池的电化学反应所能提供的电量，是根据法拉第定律计算得到的最高理论值。

② 额定容量。额定容量又称保证容量，是设计和制造动力电池时，按照国家或相关部门颁布的标准，保证动力电池在一定的放电条件下能够放出的最低限度的电量。

③ 实际容量。实际容量是指动力电池在一定的放电条件下实际放出的电量。它等于放电

电流与放电时间的乘积，对于实际应用的化学电源，其实际容量总是低于理论容量而通常比额定容量大 10%～20%。动力电池容量的大小，与正负极上活性物质的数量和活性、动力电池的结构和制造工艺、动力电池的放电条件（电流温度）有关。影响动力电池容量因素的综合指标是活性物质的利用率。换言之，活性物质利用得越充分，动力电池给出的容量也就越高。采用薄型电极和多孔电极，以及减小动力电池内阻，均可提高活性物质的利用率，从而提高动力电池实际输出的容量。

④ 标称容量。标称容量（或公称容量）是用来鉴别动力电池容量的近似值。在指定放电条件时，一般指 0.2 C 放电时的放电容量。

（2）比容量。为了比较不同系列的动力电池，常用比容量的概念。比容量是指单位质量或单位体积的动力电池所能给出的电量，相应地称为质量比容量或体积比容量。电池在工作时通过正极和负极的电量总是相等的。但是，在实际电池的设计和制造中，正、负极的容量一般不相等，电池的容量受容量较小的电极的限制。实际上，电池多为正极容量限制整个电池的容量，而负极容量过剩。

（四）效　率

电池作为能量存储器，充电时把电能转化为化学能储存起来，放电时把电能释放出来，在这个可逆的电化学转换过程中，有一定的能量损耗，通常用电池的容量效率和能量效率来表示。对于电动汽车，续驶里程是最重要指标之一，在电池组电量和输出阻抗一定的前提下根据能量守恒定律，电池组输出的能量转化为两部分：一部分作为热耗散失在电阻上；另一部分提供给电机控制器转化为有效动力。两部分能量的比率取决于电池组输出阻抗和电机控制器的等效输入阻抗之比，电池组的阻抗越小，无用的热耗就越小，输出效率就越大。

（1）容量效率。容量效率是指电池放电时输出的容量与充电时输入的容量之比。影响电池容量效率的主要因素是副反应。当电池充电时，有一部分电量消耗在水的分解上。此外，自放电、电极活性物质的脱落、结块、孔率缩等也会降低容量输出。

（2）能量效率。能量效率又称电能效率，是指电池放电时输出的能量与充电时输入的能量之比，影响能量效率的原因是电池存在内阻，它使电池充电电压增加，放电电压下降。内阻的能量损耗以电池发热的形式损耗。

（五）能　量

电池的能量是指在一定放电制度下，电池所能输出的电能，通常用瓦时（W·h）表示。电池的能量反映了电池做功能力的大小，也是电池放电过程中能量转换的量度。对于电动汽车来说，电池的能量大小直接影响电动汽车的行驶距离。

（1）理论能量。假设电池在放电过程中始终处于平衡状态，放电电压保持电动势的数值，并且活性物质的利用率为 100%，即放电容量等于理论容量，则在此条件下电池所输出的能量为理论能量，也就是可逆电池在恒温、恒压下所做的最大功。根据正、负极活性物质的理论质量比容量和电池的电动势，电池的理论比能量可以直接计算出来。如果电解液参与电池的反应，还需要加上电解质的理论用量。理论比能量只考虑了按照电池反应式进行的完全可逆的电池反应条件下比能量，因此是一种理想化的模型。对于实际应用的电池，实际比容量更有意义。因为电池反应不可能达到完全可逆的充放电和能量状态，而且实际电池中很多必要辅助材料占据了电池的质量和体积。

（2）实际能量。实际能量是电池放电时实际输出的能量。它在数值上等于电池实际容量与电池平均工作电压的乘积。由于各种因素的影响，电池的实际比能量远小于理论比能量。

（3）比能量。比能量（能量密度）分为质量比能量和体积比能量。质量比能量是指单位质量电池所能输出的能量，单位符号常用 W·h/kg，又称质量能量密度。体积比能量是指单位体积电池所能输出的能量，又称体积能量密度，单位符号常用 W·h/L。

常用比能量来比较不同的电池系列。比能量也分为理论比能量和实际比能量。电池的比能量是综合性指标，它反映了电池的质量水平。

电池的比能量影响电动汽车的整车质量和续驶里程，是评价电动汽车的动力电池是否满足预定的续驶里程的重要指标。

（六）功率与比功率

电池的功率是指电池在一定放电制度下，单位时间内输出的能量，单位为瓦（W）或千瓦（kW）。单位质量或单位体积电池输出的功率称为比功率，单位符号为 W/kg 或 W/L。如果一个电池的比功率较大，则表明在单位时间内，单位质量或单位体积中给出的能量较多，即表示此电池能用较大的电流放电。因此，电池的比功率也是评价电池性能优劣的重要指标之一。对于纯电动汽车来说，电能储存装置应具有尽可能高的比能量，以保证汽车的续驶里程。对于混合动力汽车，其电能储存装置则应具尽可能高的比功率，以保证汽车的动力性。不同储能器的比能量和比功率比较见表10.1。

表 10.1　不同类型动力电池的比能量和比功率比较

电池种类	比能量/（W·h/kg）	比功率/（W/kg）
铅酸电池	30～40	300～500
镍氢电池	40～50	500～800
锂离子电池	60～70	500～1 500
锂聚合物电池	50	600～1 100
飞轮储能器	1～5	50～300
超级电容器	2～8	400～4 500

（七）放电率和放电深度

（1）放电率。放电率指放电时的速率，是电池容量或能量的技术参数，常用"时率"和"倍率"表示。时率是指以放电时间（h）表示的放电速率，即以一定的放电电流释放完额定容量所需的时间。倍率是指电池在规定时间内放出额定容量所输出的电流值，数值上等于额定容量的倍数。例如，2倍率放电，表示放电电流数值为额定容量的2倍，若电池容量为3 A·h，那么放电电流应为 2×3=6（A），也就是2倍率放电。

（2）放电深度。放电深度表示放电程度的一种量度，为放电容量与总放电容量的百分比，简称 DOD（Depth of Discharge）。放电深度的高低与二次电池的充电寿命有很大的关系。二次电池的放电深度越深，其充电寿命就越短，因此使用时应尽量避免深度放电。

（八）荷 电

荷电（State of Char，荷电状态）是指蓄电池放电后剩余容量与全荷电容量的百分比，又称荷电程度。荷电是人们在使用中最关心的、也是最不易获得的参数数据，因为荷电是非线性变化的。

（九）储存性能和自放电

对于所有化学电源，即使在与外电路没有接触的条件下开路放置，容量也会自然衰减，这种现象称为自放电，又称荷电保持能力。电池自放电的大小，用自放电率来衡量，一般用单位时间内容量减少的百分比表示。

$$自放电率=（储存前电池容量-储存后电池容量）/储存前电池容量\times 100\%$$

电池的自放电主要是由电极材料、制造工艺、储存条件等多因素决定的。从热力学的角度来看，电池的放电过程是体系自由能减少的过程，因此自放电的发生是必然的，只是速率有所差别。影响自放电率的因素主要是电储存的温度和湿度条件。

温度升高会使电池内正负极材料的反应活性提高，同时电解液的离子传导速度加快，镉等辅助材料的强度降低，使自放电反应速率大大提高。如果温度太高，就会严重破坏电池内的化学平衡，发生不可逆反应，最终会严重损害电池的整体性能。湿度的影响与温度条件相似，环境湿度太高也会加快自放电反应。一般来说，低温和低湿的环境条件下，电池的自放电率低，有利于电池的储存。但是温度太低也可能造成电极材料的不可逆变化，使电池的整体性能大大降低。

电池的储存性能是指电池在一定条件下储一定时间后主要性能参数的变化，包括容量的下降、外观情况和有无变形或渗液情况。国家标准均有电池的容量下降和外观变化及漏液比例的限制。

（十）寿 命

电池的寿命分为储存寿命和使用寿命。储存寿命分为干储存寿命和湿储存寿命。对于在使用时才加入电解液的电池储存寿命，习惯上称为干储存寿命，干储存寿命可以很长。而对于出厂前已加入电解液的电池储存寿命，习惯上称为湿储存寿命，储存时自放电严重，寿命较短。使用寿命是指电池实际使用的时间长短。对一次电池而言，电池的使用寿命是表征给出额定容量的工作时间（与放电倍率大小有关）。对二次电池而言，电池的使用寿命分为充放电循环寿命和湿搁置使用寿命两种。

充放电循环寿命是衡量二次电池性能的一重要参数。在一定的充放电制度下，电池容量降至某一规定值之前，电池能耐受的充放电次数，称为二次电池的充放电循环寿命。充放电循环寿命越长，电池的性能越好。目前常用的二次电池中，镍镉电池的充放电循环寿命为500~800次；铅酸电池循环寿命为200~500次；锂离子电池循环寿命为600~1 000次；锌银电池循环寿命很短，为100次左右。

二次电池的充放电循环寿命与电池管理系统数据流读取与放电深度、温度、充放电制式等条件有关。减少放电深度（即"浅放电"），二次电池的充放电循环寿命可以大大延长。超级电容在寿命、比功率和充、放电效率方面具有明显优势。

三、电源系统重点维护

重点维护是对电源系统进行较详细的测试及检查，目的是保证电动汽车电源系统满足继续使用要求，消除系统存在的安全隐患，延长电源系统的使用寿命。重点维护一般 6~8 个月进行一次。重护前先按常规维护进行检查。

（一）拆　卸

将电池包从车上拆卸下来。若电池包在车上安装位置合适，利于开包检查和维护，可不进行拆卸。

（二）开　包

（1）观察电池包外观，看是否有燃烧、漏液、撞击等痕迹。
（2）拧下电池包上盖固定螺钉，将电池包上盖取下，打开电池包。
注意：打开电池包时不要使电池包上盖与电池接触，也不要损伤电池包。

（三）电池包内部状况检查及处理

（1）绝缘检测应用数字电压表测量各个电池包的总正、总负端子对车体的电压，是否小于规定数值。如发现电压偏高，查找漏电点，更换绝缘部件或采取补救措施，消除安全隐患。
（2）检查电池包底盘和支架是否有电解液、积水等异常情况。如果存在这些异常，需更换电池，同时清理电池包安装部位，确保电池包与底盘的绝缘。
（3）观察电池外观整洁程度，是否有液体、腐蚀等现象，同时使用毛刷、干抹布清洁电池表面及其零部件。
（4）检查电池之间的连接是否有松动、锈蚀等现象，清理或更换。
（5）检查系统输出端子的连接、电池管理系统各接插件是否牢固，如发现有松动即刻紧固。
（6）清理防尘网上的灰尘或杂物，对于采用外进风的冷却系统，电动汽车电源系统较长时间应用电池包内可能会积存大量灰尘等，必须进行清理，清理后再次进行绝缘检测。
（7）检查各电池外观，是否有损坏、漏液、严重变形等现象，对这些电池进行标记，并进行更换。
（8）检测每只电池电压，对电压异常电池进行维护或更换。
（9）数据采集系统的检查。
①检查各连线是否连接牢固。
②检查各焊点是否有松动、脱焊现象，否则进行补焊。
注意：本部分工作与电池直接接触，操作过程中注意避免发生触电事故，不要使电池发生短路。电池包的开包检查与更换必须由专业人员进行。

四、电源系统的储存维护

储存维护是对长期储存（时间超过 3 个月）的电动汽车电源系统进行测试及检查，避免电池因长期不使用引起的性能衰减，同时消除电池组存在的安全隐患。

（一）环境要求

环境温度范围：15～30 ℃。
环境相对湿度范围：最大 80%。

（二）维护方法

有条件的话对电源系统进行一次全充全放，以使电池性能得到活化。在没有放电设备条件下，通常进行充电维护，按照常规充电方法或厂家推荐的充电方法将电源系统充满电，对于经历长期储存的电源系统/电池，首次充电必须采用较小电流进行。其主要目的如下：

（1）各类电池均不适宜在较低电压下进行储存，定期补充电将提高电池的储存性能。
（2）通过充电调整电动汽车电池的电压一致性。

对于铅酸蓄电池，储存时荷电量一般保持在满充电状态。对于 Ni/MH 电池，一般保持在 20%～60%的荷电态。对于 Li 系列电池，荷电量保持在 40%～80%为宜。

任务二　电池组常见故障分析与处理

电源系统除了 BMS 出现故障外，经常遇到的就是电池组出现故障，本任务列举了几种电池组常见故障的现象、原因与处理措施。对于任何电池组的故障分析和处理，前提是必须了解这些电池的性能和特征，以及各种常见故障的现象、原因和处理措施，详细了解电源系统的使用手册和应用特点，才能更好地解决问题。

一、电池组容量降低

（一）现　象

纯电动汽车使用过程中，出现续驶里程短的现象，显示电池容量不足。

（二）原因分析

出现上述现象，可能有以下原因：
（1）单体电池电压不一致，容量差异性大，单体电池过早保护。
（2）电池组处于寿命后期，容量下降。
（3）电池组出现温度保护。
（4）外围电路存在高能耗负载。
（5）电池（Ni/MH）长期浅充、浅放，存在记忆效应。
（6）放电平台过低达不到要求而过早失效。
（7）电池组放电环境温度低。
（8）长期在超出电池组能力的情况下使用，衰减加快。

（三）故障原因确定

首先确定充电是否正常，每次充电的充电量是否偏低，由于充电量偏低而导致放电容量下降，需要从充电方面去查找故障原因。其次，检查放电环境温度记录，温度低放电容量会明显下降。再者，若电池经过了长期储存，首先应按照维护制度进行维护，再进行使用。在电池组应用过程中，通过BMS检查记录电池组的电压、电流、温度等情况，观察放电末期是由于何种原因引起的放电中止（是由于单体电压、温度等），根据引起放电中止的参数进行分析判断是何种原因。对于存在记忆效应的电池组，如NiCd电池、NiMH电池，按照系统的使用说明书或维护手册，进行定期维护，以小电流完全充放电循环2~3次，可以消除记忆效应，恢复电池组的容量。某些情况下电路中增加了高耗能负载，会引起电池组放电时间缩短，如开启空调、泊车时未关闭用电设备（车灯等）。长期超过电池组正常应用能力的状况下使用，电池组会衰减很快，表现为电动汽车电池内阻增大，放电电压低。另外，在应用过程中，若某些单体电池长期出现过充或过放，该电池会出现内阻升高、容量降低，使用中还会出现反极等情况，使整组电池放电容量降低，电池组中有电池短路时也会出现这种情况。每一种电池组都有一定的适用的电压和电流范围，长期在超出其范围内应用，会出现迅速衰减，电池容量明显降低。

（四）故障处理措施

故障处理与故障原因的确定是紧密联系的过程。有些故障往往在查找故障原因的过程中就得到了修复，如记忆效应、环境原因等，而有些故障原因需要在维修过程中才能完全确定。对于电源系统研究者来说，故障的处理并不是主要的，关键在于查找故障原因，避免同类问题再次发生。在电动汽车车用动力电源系统中，一般单体电池出现故障，如内阻升高、漏液等，此时均已严重影响到电池性能，建议更换电池，但应做好记录，更换的新电池在随后的应用中会比其他电池表现的性能好一些。对于排除外部因素的故障原因，若大部分电池内阻有明显升高，出现电池组容量降低的情况此时电池组寿命已经到末期，已经没有维修意义，建议直接更换电池组。对于电压不一致，但各单体电压均在正常范围内，通常为电池自放电不一致引起荷电量差别较大，可采用多次充电均衡的方法将电池调整一致。

二、电池组充电异常

（一）现　象

电动汽车电源系统充电过程中，显示充电电压高、充电时间短或者根本充不进电（已排除BMS问题）。

（二）原因分析

电池组充电电压过高，有可能是以下几种原因：
（1）电池或充电环境温度低。
（2）电池寿命后期，内阻增加。
（3）电池实际容量已下降，仍以原来的倍率进行充电，相对充电倍率大。
（4）电池之间连接松动，连接内阻大；
（5）电池组荷电量已经很高。
（6）充电机故障，充电电流大。
（7）电池组长期储存，首次充电即以较大电流进行充电电池组充不进电的可能原因：
（1）电池内阻增加或连接松动。
（2）电池组内部出现断路。
（3）电池组内部出现微短路状况。

（三）故障原因确定与故障处理

故障的确定和处理流程与上面的基本相同，首先应排查外部因素，如环境温度和充电机；其次从电动汽车电源系统方面查找问题，分 BMS 和电池组，排除 BMS 问题，电池组再分为连接部件问题和单体电池问题，排除连接部件问题；最终查单体电池的原因。

确定电池使用的环境温度，一般动力电池的充电温度为 0~30℃，若低于此，充电电压会明显升高，温度过低，电压可能直接上升到保护电压值，根本充不进电。若充电环境温度低，将电池组放置于室温环境中，搁置足够长时间，对于大型电池组可以用小电流充电使其温度较快回升，再在室温下充电检查是否能充电正常。

若在正常温度下进行充电，电压仍偏高，可以通过阶跃充电检查系统的直流内阻是否明显增大。同时通过 BMS 检测单体电压数据，若有某些电池电压偏大，其他电压正常，则可能是这些电池长期过充过放，造成内阻增大甚至断路，更换此部分电池。若电压均一性比较好，检查单体电池电压之和与总电压数据比较是否相差过大，若差别较大，表明电池组内部线路连接松动，进行维修。

若上述均正常，并且排除了充电机故，则可能是电动汽车电池组实际容量已经偏低，仍按原来容量的倍率进行充电，相对电流大，电压升高。此时，应修改充电制度，以较小电流进行充电。对于车用动力电源系统，充电过程中应开启通风系统，否则会出现高温保护。

三、电池组放电电压低

（一）现　象

输出功率能力下降，正常电流放电电压平台明显下降，荷电量低时不能启动。

（二）原因分析

（1）电动汽车电池内阻增大。
（2）内部发生微短路或有电池短路，串联数量减少。
（3）电池包内或环境温度低。
（4）连接松动。
（5）荷电量低。
（6）长期存未有效活化。
（7）部分类型的电池长期浅充浅放存在记忆效应。

（三）故障原因确定与处理措施

一般放电电压低与充电电压高的原因是一致的，处理方式和处理措施一样，但有两个不同原因：

一是电池内部发生微短路，或者电动汽车电池内部有电池短路，表现串联电池数量减少，一般微短路的电池充电后搁置一段时间其电压会明显降低，或者充电时其电压低，在充放电过程中进行监测便可查到这些电池。

二是若电源系统本身发生漏电现象也会出现放电低电压现象，此时检查电池组与车体的电压，找出漏电点，进行排除。对于电池包内部出现的内短路现象，大多是由于电池漏液等引起的，此时拆开电池包进行检查，清理电池包内部，更换坏电池。

四、电池的自放电

（一）现　象

车辆经较长时间搁置（如晚上停车），能够较明显感觉电动汽车电池电量有下降，或搁置前后系统 SOC 显示差别过大。

（二）原因分析

（1）DSOC 判断模型不准确。
（2）高温储存，时间较长。
（3）系统中有较大的漏电现象。
（4）电路中有较大的耗电设备。

（三）故障原因确定与处理措施

SOC 模型判断不准确，表现为经常性现象，在台架检测时就应当能发现，如停止应用后，搁置较短时间（1~2 天），SOC 显示下降明显，电池实际性能并没发生变化。高温情况下，电池自放电加大可以检查电池组的储存环境，直接判断。电池组中部分电池出现微短路等，将电池组放完电后搁置，有明显微短路的电池搁置一段时间（如 2~7 天），电压会明显下降甚至为 0 V。对于搁置后电压有下降但仍较正常（如 Ni/MH 电池电压 1.0 V，其他电池电压 1.2 V，或者 LiFePO 电池电压 2.5 V，其他 3.0 V 以上等），这些一般不会影响电动汽车电池组的正常应用。充满电的电池进行搁置，电压变化会不明显所以建议放电后进行搁置，有条件的可以高温搁置以缩短搁置时间。

漏电损失受到电池的使用和维护操作的影响，主要因素是电池表面的清洁程度。外部空气带来的水分、灰尘等都会在电池表面形成回路，使电池发生漏电。由此引起的电池组自放电是不可预见的，但可以通过良好的维护予以预防。表面漏电往往只影响到电池组中的部分电池，但影响却非常恶劣，因为电池组的容量受电池中容量最低的单体电池的限制，并且部分漏电会引起电池组内部各单体电池荷电状态的不均衡。

电动汽车电源系统的漏电（与车体之间）往往可以通过漏电保护装置来发现，但电池包内模块的漏电不容易发现，只有参考电池的充放电情况进行判断，拆包进行维护。

系统与车体的漏电点可以通过测量电源系统总正极或总负对车体的电压进行判断，例如总正极对车体的电压为 25 V，采用的为 NiMH 电源系统，则可能的漏电点在 25/2 = 12.5，即从总正数第 12 或第 13 只电池。有可能系统存在多个漏电点,此时要一个一个依次排查解决。首先将系统断开，将高压系统分成几个低压系统，分别进行排查。图 10.20 为自放电大维修流程。

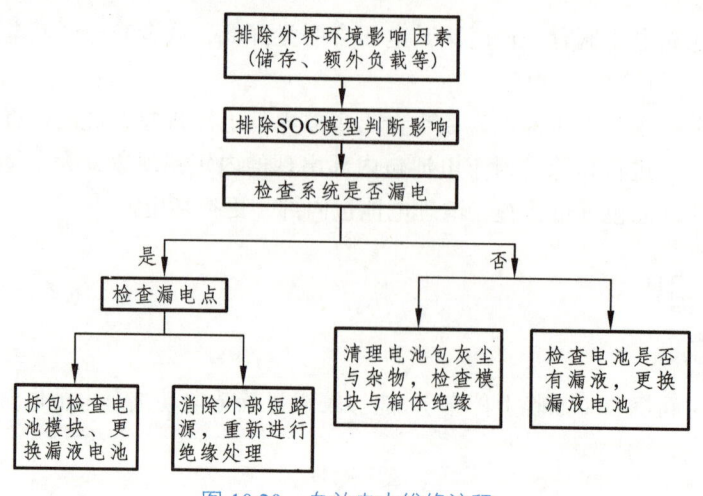

图 10.20 自放电大维修流程

五、电源系统局部高温

（一）现　象

车辆行驶过程中，电动汽车电源系统某部位比其他部位温度高出 5 ℃ 以上，并且多次表现为同一部位。

（二）原因分析

（1）冷却通道受阻或该位置的冷却风扇故障。
（2）局部连接片松动，连接电阻大。
（3）该部位电池内阻明显增大，产热大。
（4）设计缺陷，流场存在温度死角。
（5）外围局部环境影响。

（三）故障原因确定及处理措施

电池组局部高温，除了设计造成的流场死角问题外，冷却系统如风扇损坏、进出风口由于灰尘等堵塞是常见的因素。风机有故障需要更换，风道定期清理。另外，若电池组在应用过程中，外围设备影响电池包局部位置，可能会引起电池包内局部温度过高，如局部位置靠近发动机等。局部高温另一个主要因素是应用过程中局部产生了热源，热源主要是高电阻引起的，引起高电阻的原因一般有两个：一个是电动汽车电池本身内阻加大，充放电过程中产热高；另一个是连接片或接线端子松动，电阻升高。如若一个连接片松动，产生 5 mΩ 的电阻，平均应用电流按 50 A 计算，则产热功率达到 12.5 W，短时间内温度会急剧上升。因此对于主电流回路的线路连接，应定期进行检查，否则松动后很容易出现打弧烧坏接线柱，并且容易影响到电池性能。

六、电源系统单体电压一致性较差

（一）现　象

电动汽车电源系统应用或搁置过程中，电压一致性明显偏大，经常出现单体电池放电保

152

护或充电保护而其他电池电压仍较正常。

(二) 原因分析

（1）长期搁置，电池自放电不一致。
（2）系统内部有微短路现象。
（3）电池微短路。
（4）长期循环电池衰减不一致。

(三) 故障原因确定与处理措施

单体电池电压一致性差是电源系统应用中最常遇到的问题。一致性变差的主要原因是各电池的自放电不一致。在某些应用中，如混合电动汽车，电压略有差别并不影响系统的正常使用，只要在使用过程中单体电池的充放电电压达不到上下限值。

七、电源系统结构件损坏

电动汽车电源系统结构件因跌落、碰撞、振动、冲击等环境因素而损坏。故障主要分两种情况：一种是只限于结构件损坏并不影响电池本身和电池的充放电；另一种是不仅损坏结构件，而且对电池的电性能有负面影响，如造成电池组与外界联系的回路断路、电池发生挤压等都会对电池性能有影响，严重的还可能导致安全事故。

一般视损坏的程度和损坏的性质来决定电池组是否还有维修价值。外部结构件损坏原因很多，需要具体问题具体分析，确定是未合理使用造成的还是设计本身造成的，然后再进行处理和修复。

在电动汽车应用中，电池出现故障或损坏有几方面的原因：一是电池自身的原因，如电池内部的短路、电池之间连接不可靠等，这样的故障一般是偶然出现的，而且也只是整套系统中某个或某些个电池出现问题；二是电源管理系统（BMS）出现问题，如管理策略有问题、判断方法不准确等也会使电池出现故障，这种故障有可能会造成整组电池出现过充、过放等，或者 SOC 经常超出控制的范围。另外，整车控制策略也会影响到电池，同样影响的是对整个系统的影响而不是单体电池的影响。所有这些原因最终都表现为电池故障，应从根本上分析解决问题。

八、电池变形

电池变形一般指电池出现鼓胀，原因是电池内部产生大量气体，不能自身消除，析气速度大大超过气体的复合速度，并且电池泄气阀没有打开或打开滞后。对于 NiMH 电池或锂离子电池，出现变形表明电池内部电极已经发生较大的变化，电解液损失（分解）较严重，已经不具有维修价值，需更换电池。变形了的电池一般内阻比较大。

九、电池打弧击穿

采用金属壳体的电池，某些情况下可能会出现打弧击穿现象。这种现象与电池出现内部短路的情况不同：一个是电池外部因素引起的，从外面打弧使电池受损害；一个是由电池内部因素引起的，从电池内部开始出现短路，使电池受到破坏。两种情况通过对电池受损点的观察以及电池的解剖分析可以分辨。打弧由两方面的因素形成：一是电池组合设计不合理，相邻的导体之间有较高的电压差；二是电源系统的绝缘设计不合理，在电池包内部受潮或者电池出现漏液等情况下，引起系统漏电，出现打弧现象。出现此问题需要对电源系统的设计进行改进。

参考文献

[1] 李相哲，苏芳，林道勇. 电动汽车动力电源系统[M]. 北京：化学工业出版社，2011.

[2] 戴晓军. 电动汽车动力电池管理系统设计[M]. 广州：中山大学出版社，2011.

[3] 王震坡，孙逢春. 电动车辆动力电池系统及应用技术[M]. 北京：机械工业出版社，2012.

[4] 徐艳民. 电动汽车动力电池及电源管理 [M]. 北京：机械工业出版社，2014.

[5] 赵振宁，王慧怡. 新能源汽车技术[M]. 北京：人民交通出版社，2013.

[6] 赵立军，佟钦智. 电动汽车结构与原理[M]. 北京：北京大学出版社，2012.

[7] 唐晓丹，庞晓莉，吕灶树. 动力电池及能量管理技术[M]. 华东师范大学出版社，2021.

[8] 左小勇，袁斌斌. 动力电池管理及维护技术[M]. 天津出版传媒公司，天津科学技术出版社. 2022.

[9] 隆有东，罗泽飞，黄志杰. 新能源汽车整车检测与控制技术[M]. 电子工业出版社. 2023.

[10] 陈惠武，卢义，罗海英. 新能源汽车动力电池构造与控制技术[M]. 电子工业出版社. 2023.